中国『活法』

Chinese Style

张子毅 著

人民东方出版传媒
東方出版社

图书在版编目（CIP）数据

中国“活法” / 张子毅 著. — 北京：东方出版社，2016.6

ISBN 978-7-5060-9121-3

Ⅰ. ①中… Ⅱ. ①张… Ⅲ. ①个人—修养—通俗读物 Ⅳ. ①B825-49

中国版本图书馆CIP数据核字（2016）第157749号

中国“活法”

（ZHONGGUO HUOFA）

作　　者：张子毅
责任编辑：张军平
出　　版：东方出版社
发　　行：人民东方出版传媒有限公司
地　　址：北京市东城区东四十条113号
邮政编码：100007
印　　刷：三河市金泰源印务有限公司
版　　次：2016年9月第1版
印　　次：2017年1月第3次印刷
印　　数：25 001-30 000册
开　　本：880毫米 × 1230毫米　1/32
印　　张：7
字　　数：152千字
书　　号：ISBN 978-7-5060-9121-3
定　　价：39.00元
发行电话：（010）85924663　85924644　85924641

如有印装质量问题，请拨打电话：（010）85924716

序言

何谓活法？活在今天与明天之间！

关于活法有一个很流行的说法叫活在当下。不过对于生活在变革时代的我们，活在当下有时是一种奢侈，因为现实生活如尼采所说，“置身于今日与明日之间，紧张于今日与明日之间的矛盾里”。

这种时代，个体的生活随时会被逆转。用来描述变革的故事中，古登堡是最常见的一个。15 世纪就已经出现的印刷术，由于每页都要刻满文字，因此印刷速度非常慢。直到一位名叫约翰内斯 · 古登堡的印刷商意识到，可以将每一个字母都单独刻字随意重新排列。古登堡铅活字版机械印刷机带来了巨大的社会价值，出版成本越来越低，书籍品种数量都大大丰富起来，现代出版业蓬勃发展，书成为人类知识最重要的载体。

其实，古登堡的故事打动人心之处不仅在此，故事中的另一群人也经常被提及，就是那些 15 世纪的誊写员——他们的命运被彻底改变了。在古登堡印刷机问世前，书的生产过程是这样的：一名誊写员用一支羽毛笔、一瓶墨水和一叠牛皮纸抄写完成。印刷机出现后，誊写员们集体失业。

一项新技术让一群人失业，这可能就是所谓的“历史车轮”的碾压吧。我将其称为重新估值：一个人或者说一种职业的社会价值（这里仅指经济价值）因各种原因，例如一项新技术的诞生而被重新定价。

这种价值重估让人不舒服，因为个人没有主动权可言，就像那些誊写员，没有做错任何事，可能仍然热爱工作，仍然一丝不苟，但是产品、工作的价值因为社会变革而被清零。

认为我讲的故事太遥远，不接地气？不，这正是现今社会的写照——危机与机遇。

最近几十年，互联网是科技和社会发展的最大推手，但在互联网蓬勃发展的道路上，处处点缀着“受害者”——电子商务的兴起，实体店的顾客大量流失。衣服可以在网上卖，饭总要亲自去吃吧？我们在近两年看到，O2O 也在改变餐饮这个古老的行业。

另外，一种产品也可能会被其下游功能更强大的产品所吞噬。例如，自从智能手机普及后，普通数码相机市场一直在萎缩，不得不退守到高端产品，因为对一般用户来说，数码相机失去了原有的价值，智能手机完全可以取代数码相机的功能。而且，相对于数码相机，手机搭建了一个更大的系统，让你方便地连接网络，在社交平台上分享照片。

当然，这是个“大众创业”“万众创新”的时代，某些行业和专业人才的落寞，其背后可能是另一群人的崛起。我们很难说清楚在这场声势浩大的“产业新陈代谢”中，谁将是被彻底革除的，谁将是“拍死前浪的后浪”，谁又将是自我迭代、向高端进化的持续创新者。我们唯一能明确的是方法论，在风云诡变的年代用正确的态度，做正确的事。

变革带来社会进步的同时，还带来了我们对未来的恐惧感。其实，社会生活各方面正在发生的变化，都呈现着规律和趋势，只要我们认真去看，就能看到今天通往明天的路径。这就像在山里跋涉，准备安营时通过观察地形，确保帐篷不会被山洪淹没。

问题是我们要如何在洪流中保持清醒。做事业的人，能不能始终抱持坚韧的态度精于业？做父母的人，能不能为下一代提供一个健康的成长的环境？做决策的人，在眼花缭乱的概念扑面而来时，能不能保持冷静的判断力？政府的官员，能不能主动地将自己和手中的权力关进制度的笼子里？

再说回到印刷机和誊写员，印刷品的优势当下正在被各种“屏”所瓦解，首当其冲的就是报纸，实时更新的网络新闻，日报已经失去优势。相信不需要太长时间，纸质书从形式到内容都会被“屏幕”改变。在资讯爆炸的时代，身处传媒行业的人或许饱受煎熬，这从资深媒体人集体转行就可见一斑。而生活在爆炸资讯中的每一个人，又要如何在这个变化的时代继续做最真实的自己，活在当下呢？

历史的车轮不可逆转，但个人的命运有很多种可能。民国初年，著名的国学大师黎锦熙请了三位抄写员帮他抄写文稿，第一位老老实实照抄，这个人一直默默无闻；第二位非常认真，遇到错字、病句都要改正过来，他名叫田汉，后来写了一首歌词，叫《义勇军进行曲》；第三位只抄与自己意见相符的文稿，对那些意见不同的文稿则干脆不抄，这位有个性的抄写员名叫毛泽东。

目录

—修身篇—

第一章
新媒介大爆发：
在虚拟世界守住底线 3

珍惜时间：你的注意力比任何信息都更值钱
碎片化时代，不放弃深度思考
谨言慎行，爱护你的虚拟人品

第二章
每个人都可以来一次供给侧改革 19

升级人际关系
要看懂山势水势
外表很重要
成为平台型的人

第三章
屠呦呦获诺奖：
坚忍实干，才能品出人生的意义 37

坚忍实干：专注于工作，而不是功利
面对突如其来的赞誉，你能冷静地将荣誉交归大众吗？
人生的价值何在？

一 齐家篇 一

第四章
为什么“富二代”们总在惹是生非 59

富贵而骄，自遗其咎
养不教，父之过
如何破解“富不过三代”的魔咒？

第五章
反思“虎妈”“狼爸”：
给孩子一个健康的成长环境 81

中国独有的“虎妈”“狼爸”
最好的家长不是“刻意安排孩子”，而是“开发孩子的潜力”
什么是好的成长环境?
赞许不等于炫耀，也不等于溺爱
教育中的金钱问题

第六章
放开“二孩”：
如何打造兄友弟恭的完美家庭 99

“二孩儿”给老大出了一道难题
我们的孩子足够坚强吗？
家风非小事，寻回家文化

立业篇

第七章
大众创业：
创业艰难，唯靠“三力”方得始终 117

反弹力：创业就是不断摔跟头，再不断爬起来
坚韧力：成功者必然“九败一胜”，创业就是一场冒险
冒险力：一夜放下成功，成功来自不怕失败

第八章
投资经：
适应新常态，不做乌合之众 135

投资是一辈子的事儿，不能只想短线
风险来自杠杆
适应新常态，先从心态开始
拿出些钱来投资自己

第九章
成功的企业，成功的老板，
成功的员工 153

什么是成功的员工？
什么是成功的老板？
什么是成功的企业？

国家篇

第十章
世界富豪榜上的华人越来越多：如何定义财富 173

财富必然带来幸福？
我们应该怎样获得财富？
用自己的力量推动社会进步才是真富豪

第十一章
每一个“互联网＋”，都是机会与陷阱并存 193

“互联网＋”也不是万能解药
一个人的陷阱，也可能是另一个人的机会
关键在于创新
“互联网＋”是一个热词

修身篇

第一章

新媒介大爆发：在虚拟世界守住底线

在写这一章之前，我先在脑子里过了一遍 2015 年年底到 2016 年年初几个月，给我印象比较深的热点新闻，结果是这样：

台湾南部地震导致过百人遇难；

两岸网友在 Facebook 上的表情包大战；

上海女孩在江西男友家过年因年夜饭分手；

公安部对“e 租宝”投资人开放信息登记平台；

LIGO 发现引力波，爱因斯坦百年前预测被验证；

4.2 亿人参与春节微信红包大战；

中国解放军高层将领大调整。

这些新闻有什么特点？一半来自物理的现实世界，另一半来自虚拟的网络世界。不难看出，在我们的生活中，两个密不可分的世界重合度越来越高。连接这两个世界的各种新媒介，过去一两年内也随之大爆发，除了微信、微博等新媒体，《人民日报》、新华社等各种传统媒体，也都有了自己的移动应用。而且，今日头条、微信公众号等为移动互联网而生的新媒体，越来越成为阅读主流。

目前的新媒体时代真的堪比一个乱套的时代，新闻没尺度，分类能力差，可读性不高，新闻稿写得更是缺乏专业性！特别是一些娱乐门户的新闻。

这个变化对于人类社会的影响极大，但这不是本书所要讨论的主要内容。我在这里想说的是，身处当下要如何应对。先来看看媒介变化给每个人的生活带来了哪些变化。

首先，新媒体消解了新闻获取的时间限制。过去，无论我们是看杂志、报纸，还是央视的《新闻联播》，都有一定的时间，就算是 PC 时代的门户网站也要坐在电脑前才能浏览。而现在，手机、平板电脑上的新闻随时更新，每天各种应用不知疲惫地向你的屏幕上推送消息。这带来了一个巨大的变化，我们从过去定时、主动获取新闻，变成了被动接受推送。

与此同时，信息完全免费。当然早在 PC 时代，我们就对此足够适应。各种媒介带来的信息，每天 24 小时从不间断，人仿佛置身于信息的洪流中。以微信朋友圈为例，只要打开这个应用，所有好友的动态尽在掌握：老朋友正在国外旅游；有人要给别人做伴郎；假期里，某人还在加班……

通过转发微信公众号内容，朋友圈也成为一个媒体渠道——

仿佛一夜之间，各大媒体都有了自己的公众号，当然更多的是自媒体公众号。据统计，到 2015 年年中，微信公众号数量就已经过千万，每天还以 1.5 万的速度激增。这些自媒体带来了前所未有的海量内容。

对于我们，新渠道带来的另一个变化是所有的内容混为一体。过去，无论是在中央一套上看新闻联播，在晚报日报上看本地要闻，还是在财经网站或杂志上读商业新闻，各种渠道泾渭分明。我们对于新闻真实性、专业性的判断首先来自对于媒体的信任。但现在所有信息都挤在同一渠道中，同一个事件，第一条微博信息可能发自新华社官方，另一条微博可能是一个大 V 的不同观点。不得不说，这大大增加了分辨内容准确性的难度。

最后，我们同时也成为内容的传播者和生产者。无论是转发到朋友圈还是微博，我们的评论同时也成为内容的一部分。实际上，如果有兴趣，我们也可以注册一个公众号自己生产内容。

海量、丰富的免费信息，作为用户，我对这种变化当然满心欢喜。不过，新时代也有小烦恼，首先作为读者，所有信息都在争夺我的宝贵时间；另外，新媒介带来的信息越来越碎片化，深度阅读变得困难。

而且，新媒介对于社会和个人的影响才刚刚开始，正如印刷机的发明将人类从口头文化带入书面文化。著名的媒体研究者尼尔 · 波兹曼在《娱乐至死》一书中指出，媒体能够以一种隐蔽却强大的暗示力量来"定义现实世界"。下面一章，我还会继续引用《娱乐至死》的其他内容，因为这本书指出，对于人类社会来说，媒体的形式极为重要，特定的形式会偏好某种特殊的内容，最终塑造整个文化的特征。

对于这个不可逆转的潮流，我既无法也不可能做出预测，我觉得当下能够把握的就是自己的底线，不因新媒体而导致自己阅读失控；此外，意识到我们在社交媒体上的发言正在塑造你的虚拟人品，也要控制住自己的网上发言。

总之，就是不能在新媒体时代"失控"。论述之前，我要说这并不容易。

珍惜时间：你的注意力比任何信息都更值钱

随着智能手机和移动互联网的普及，我们的阅读习惯正在产生巨大的转变。先来看看2015年年初中国新闻出版研究院发布的《2014年全国国民阅读调查结果》。这个调查已持续开展了12年，可以看出整个社会的阅读习惯正在发生怎样的变化。

·调查结果显示，2014年数字阅读率首次超过传统阅读率。国民手机阅读接触率首次超过50%，达到51.8%。手机阅读时长也逐年稳步增长，在2014年首次超过了半个小时，达33.82分钟。

·2014年我国国民人均纸质图书阅读量为4.56本，报纸和期刊阅读量分别为 65.03 期（份）和 6.07 期（份），电子书阅读量为 3.22 本。与 2013 年相比，期刊和电子书的阅读量均有所提升，纸质图书和报纸的阅读量均有不同程度的下降。

· 我国成年手机阅读群体的微信阅读使用频率为每天两次，成年微信阅读接触群体人均每天微信阅读时长超过 40 分钟。在成年手机阅读接触者中，超过六成的人 (66.4%) 进行过微信阅读。

· 聊天、查看朋友圈这两项活动是成年微信阅读接触者的主要选择，选择比例均超过 80%。而与阅读相关的活动也是很多微信阅读接触者的主要选择，看新闻、阅读朋友圈中分享文章、阅读公众订阅号发布的文章的选择比例分别为 72.9%、67.1% 和 20.9%。

· 社交阅读成为推动全民阅读的有力推手，但内容上以碎片化、浅阅读为主。

· 人均阅读书籍数量指标，美国是 7 本左右，日本是 8 本左右，韩国是 11 本左右。2014 年我国国民人均纸质图书阅读量为 4.56 本，从总体上看，我们国家阅读水平与发达国家还存在一定差距。

总体来看，调查显示，手机带来的浅阅读越来越成为主流，人均纸质图书阅读数量则正在下降。

对于这个结果我要说的是，不出意外，未来几年书籍和社交阅读的差距还将继续扩大，我们将越来越多的时间交给手机等移动终端，而用于阅读书籍的时间将继续被挤占。原因很多，最重要的一点是，社交阅读将对我们形成越来越强大的诱惑。

把阅读和诱惑放在一起，如果是三年前，我自己可能都会觉得危言耸听。但是2016年，我要特别强调这一点。因为只有清醒地认识到我们为什么阅读，才能够考虑如何合理地分配时间。

首先，我们正身处一个信息爆炸的时代。什么叫信息爆炸？占有信息不再是问题。有专家曾指出，我们现在获得信息的速度已经超越光速：由于我们轻划屏幕就能从一个文件链接到另一个文件，从一种媒介跳到另一种媒介。转瞬之间，我们就能点击网上的电影和音乐，而且能挑选我们需要消费的节目。技术让我们在“新媒介”框架内获取信息的能力大大提高。

我们每天接触到的信息量，已经大大超过大脑的处理能力。这里做一个简单的计算，如果你的微信有500位好友，他们每人每天推送一篇文章在朋友圈，即便按每篇文章都仅有千字计算，那么每天就有50万字，而一般成年人每小时的阅读速度只有2万～3万字，如果不加选择全部读完，则需要20小时左右的时间。也就是说，不眠不休才能把这些信息全部看完。而这仅仅是微信的信息量，每天送到我们眼前的何止朋友圈的这几十万字。

你每天刷几次朋友圈？根据上面提到的《2014年全国国民阅读调查结果》显示，平均数字是两次。我要说，这只是一个平均数字，很多人的频率远高于两次。我曾对身边的朋友进行过一次小规模的调研：你一天要看几次手机？许多年轻的朋友无法回答，因为他们每隔几分钟就会看一次，一天下来只能说看了“无数次”。

当然，大家都有正当理由。上班族的使用频率必须更高，因为大多数公司已经把微信群作为沟通工具使用，公司的各种通知直接发到群里，部门的工作讨论也经常在微信群进行。我在 2015 年就发现，这导致我打开微信的次数大大增加，工作不忙时甚至几分钟就会看一次手机。

除了正常使用，手机的诱惑来自两个方面：第一，对重要或新奇有趣的内容的追踪。如果你关注今年的美国大选，那么必然持续追踪希拉里、特朗普在美国各州的进展，当然诸如希拉里的发型、着装等花边新闻，你可能也有兴趣阅读。这些内容在过去的传统媒体上很少见，但在微博上可以说异常丰富；第二，暂时摆脱当下艰苦工作。外面的世界很精彩，我们都不愿意错过。何况，这也是与朋友聊天的谈资。为什么大家今年拜年都说“猴赛雷”？工商银行马德里分行怎么会涉嫌洗黑钱？中国证监会换了新主席？总之，每一次我们点开手机，都像是一场赌博：有比手头工作更有趣的事情发生了。

原本这些轻松的内容，只是占用了我们的闲暇时间，但是越来越多的让人难以拒绝的标题、图片送到眼前，被侵占的就不仅仅是碎片时间。“比现实生活更有趣的事”的诱惑只会越来越强烈，我们也越来越离不开手机。

何况，摆脱了印刷的束缚，传播成本基本归零，越来越多的新媒体涌现，内容自然也就随之爆发。

实际上，渠道的变化，也深刻地改变了内容的生产方式和内容本身。营销公司、产品销售、自媒体……传统媒体之外的新角色陆续进场。特别是过去两年，微信公众号带来了自媒体大爆发，移动互联网成为一个新媒体的巨大实验室。

猎奇，刺激，温情，各种“走心走肾”的内容源源不断地推送到我们眼前。我不是要在这里批评这些内容，我有时也会点开阅读，闲暇时看看也挺好。但问题在于，我们也要合理分配自己的时间，不能让这些内容成为我们所有的阅读，更不能让这种阅读成为工作、学习的阻碍。

我们说了很多年，尽管 21 世纪信息宝贵，但是在新媒体时代，信息严重过剩，最金贵的不再是信息，而是我们的注意力。

碎片化时代，不放弃深度思考

有时候，注意力不被吸引几乎不可能。现在的互联网内容生产已经高度“智能化”，例如，以“今日头条”为代表的各种内容应用，甚至会根据你的喜好来为你推送新闻。

今日头条是一款基于数据挖掘的推荐引擎产品，它为用户推荐有价值的、个性化的信息，提供连接人与信息的新型服务，是国内移动互联网领域成长最快的产品服务之一。它由国内互联网创业者张一鸣于 2012 年 3 月创建，于 2012 年 8 月发布第一个版本，截至2015年12月，今日头条累计激活用户3.5亿，日活跃度超过3500万。

今日头条不同于此前的新闻聚合产品，它能够根据你的兴趣搜索新闻，再放到你的主页上，所以每个用户看到的首页内容并不一样。说到这里，不难发现今日头条之所以有其商业价值，就是因为当下的信息爆炸，读者淹没其中难以选择，而这个应用能够筛选出你需要的内容。

但我要提醒的是，如果不规划好自己点开新闻的顺序，按需订制很可能毁掉你的阅读。设想一下这样的使用场景：每天早上上厕所时，你顺手点开今日头条，或者手机里其他什么新闻应用，在首页上各种消息中，你可能舍弃了时政、财经以及本地要闻，直接点开娱乐版，先看看明星八卦。

热爱八卦本来也是人之常情，但是技术正据此揣测你的个人喜好。别忘了今日头条就是通过“算法”为用户提供个性化的信息推荐。简单地说，在你优先点击各种娱乐新闻后，算法会认定这是你的个性需求，以后会优先为你推送这种娱乐八卦，将来你打开今日头条，首页上就主要是这类内容。

技术有时难以了解你的真实需求：一根烟和一碗饭放在一起，烟瘾大发的人有可能会选择先抽根烟解解乏；一粒糖和一碗饭放在一起，嗜好甜食的人可能会选择吃糖。但是，所有人都知道，饭比烟和糖更重要，一日三餐还是要吃饭。可是技术不一定知道。

但各种新技术正让读者的阅读好恶无所遁形。情感话题、婆媳关系、心灵鸡汤等内容，由于受众广泛在各种新媒体上大行其道。

· 在家里发现巨大蜘蛛后的解决方案……

· 卧槽！舌功满分！

· 哈哈！窜天猴还可以这样玩……效果炸裂……

· 哈哈哈！此刻，女生心中一个大写的懵逼……

· 过年时爸妈眼里的我！

这是《中国新媒体排行榜》上，一个十强公众号 2016 年 2 月的几篇热点文章的标题，每篇都有十万次以上的点击量。

说到这里，我要说这些话题，正是我们这个时代新媒体的偏好。每个时代都有自己的新媒体，从飞鸽传书到电报电话，都曾是一个时代的主流信息渠道。而人类历史上最重要的两种新媒体，是印刷机带来的书籍、报纸、杂志等印刷品，以及视听技术带来的电视广播等影视内容。

十年前，我们以为属于这个时代的新媒体就是门户、社区等网站，但近两年微博、微信为主的社交媒体爆发式增长。在传媒理论中，有一个著名的判断，“媒介即内容”。也就是说，媒介是有倾向性的，新媒体绝不是旧媒体的延伸，正如《娱乐至死》中作者所指出的，电视导致内容的娱乐化，而纸质媒体则偏好深度内容。我们这个时代的新媒体，也显现出来一些偏好，包括早已经引起警觉的内容碎片化，以及在我看来更彻底的娱乐化。

这种趋势恐怕难以逆转。关键在于，作为读者，我们如何使用当下的新媒体。首先，正如《娱乐至死》一书的作者所担心的那样，我也认为新媒体可能会导致我们逐渐丧失一些东西。例如，当浅阅读占据了所有时间，我们的生活是否也会变得肤浅，我们阅读专业书籍，用完整的理论框架去分析问题的意愿和能力是否也会下降？如果没有那些引发深刻思考的深度内容，我们是不是也会越来越远离深思？要知道，往往只有深思才能够建立起完整的认知体系，才能够带来原创性想法。

我认为这种担心并不多余。在一个著名的社会学实验中，科学家让实验对象观察一个打篮球的视频。其中，穿不同队服的人们不停地传球，实验者需要数出一种颜色队服的人共传球几次。结果，视频中出现了一个穿大猩猩服装的演员，大部分人都对他视而不见。计算传球占用了我们的注意力，发现大猩猩这样的任务就无法完成了。

谨言慎行，爱护你的虚拟人品

如果科技足够先进，可以借助你在社交媒体上的所有照片合成一个克隆人，再把你的网上发言全部输入到它的大脑中，这个人会和你有多大的差距？

这是几年前一部英国电视剧《黑镜》的其中一个故事，女主人公由于过于思念突然去世的男友，用他的社交信息定制了一个人工智能机器人，并继续和“他”生活在一起。现在的人工智能技术还做不到这一点，这部英剧颇具想象力和科幻色彩，几个独立故事都分别建构于现代科技背景，表达了当代科技对人性的利用、重构与破坏。

如果真的有这么一个克隆人，我们最不用担心的是外观。可以想见，绝大多数人的社交克隆人比本人要年轻漂亮，因为就算不使用美颜相机，我们也会挑选一些比较好看的照片上传到朋友圈。但是智力、人格和人品呢？你在网上的发言是否反映了真实的或是更美好的自己？

当下的新媒体，本身带有强烈的社交属性，所以也叫社交媒体。前面已经说过，微博、微信是非常重要的阅读入口，内容的传播依靠每个用户的转发。而与此同时，所有你在社交媒体中的发言、转发，也无不对外发布关于你的一切信息，并形成你的虚拟人品。

相信未来人们将更多地根据你在网络上的表现来判断你的人品和能力，而不是实际交往。可能已经有人意识到，有些人十分擅长利用网络来提升自己的影响力。这不需要奇怪，在人类历史上，媒介的变化总是能带来文化和认知的变革。《娱乐至死》一书在“媒介即认识论”一章里对此有所介绍。例如，判断一个人是否聪明的方法，在不同时期就不尽相同。

在长达几千年的时间里，古代的哲人标准是能够创造格言警句。那些充满哲理的俗语至今仍有生命力，“路遥知马力，日久见人心”，“人非圣贤，孰能无过”，“谦受益，满招损”等，大都已经流传了千百年——现代人失去了创造这些警句的能力。

在现代印刷术出现前，谚语、寓言、口头语言才是真理的载体，当然记忆力也相当重要。而进入印刷文字时代，一个人记忆力惊人，我们首先要怀疑他可能患有某种类型的自闭症。文字时代的精英，无论是政府官员还是经济学家、社会学家，就算在现场演讲时，也不会将谚语作为主要论据来支持自己的观点，而是依靠数字和事实。印刷文字带来了更高的要求，一个人能够理解抽象概念，并擅长阐释和归纳，这些才是智力超群的象征。

在新媒体时代，文化的表现形式将发生怎样的变化？现在还不好判断，也不是本书要讨论的问题，那些大V比我更有发言权。我在这里想指出的是，无论你拥有怎样的网络社交技能，首先，新媒体让你拥有了一个免费的人品发布会，源源不断地向外发布你的“人品信号”。

对于明星来说，现在这个发布会的影响力一点也不比现实世界的小，一线明星微博动辄几千万粉丝，而一份运营得不错的地方都市报也只有几十万的发行量。近两年，不时看到某某明星删微博的新闻，一夜之间将自己的微博发言删光，或是已经发出的微博又马上删掉。据媒体盘点，舒淇、杨幂、张子萱等十几位明星都这样做过。尽管事后明星经纪人都给出了各种理由，但是如果当初没有随意发布不妥言词，也就不需要事后删除。

除了你自己的发言，转发文章同样能够反映一个人的人品。

如果不加留意，那些过火的标题，偏激的观点，同时也代表了你对这些信息的认可和赞赏。

当然，你可以借机来提升你的人品。有一位新媒体的运营者，曾经总结过那些能够引起转发的文章的特征，其中一类，就是文章中包含强大的判断或分析，这被称为“聪明币”，带有“聪明币”的文章被用户转发，意味着理解和认同。

接收“人品信号”的范围将越来越广。刚刚认识的朋友，我们已经习惯于去翻看他过往朋友圈的发言；喜欢的明星，我们会去关注他的微博，随时留意他的言论、行踪。据我所知，已经有一些公司的人事主管，或是老板本人，会在面试前关注受聘员工的微博或朋友圈。一位人事主管曾对我说，她更偏向于那些网上发言充满“正能量”的人，因为这些人往往拥有更积极的心态，通常更容易融入团队。

结语

泽上有水，节。君子以制数度，议德行。——《节卦·象传》

《节卦·象传》中提到，本卦的卦象是下兑上坎，兑为泽而坎为水。泽中水满，则必溢出泽外，因此要高筑堤防。君子观此卦象，领悟了适可而止，节制自我的道理，从而建立政纲轨制，确立伦理原则。

《节卦》的卦辞是：节，亨。苦节，不可贞。也就是说，节卦象征节制，这个德行是亨通顺利的，但同时也要把握好尺度，不可以过度地节制，应当持正，适中。所以，《节卦·象传》中又提到“节以制度，不伤财，不害民”。

古人从很早就清楚“节”的重要性。天地有节度才能顺畅运行，国家有节度才能社会安定，个人有节度才能进步完善。可以说，节是人类在对外部世界发展变化中“度”的认识和实践后所把握的一般规律。

如果联系到个体的话，《节卦》的意义主要是告诫我们应时刻注意节制自己的行为。北宋的易学家邵雍这样解释节卦：操守节度，适可而止；审时度势，能知变通。由此可见，节卦提醒我们，一方面要把握好自己的所作所为，不可冒险，要恰如其分；另一方面，也要灵活机变，抓住机遇，不可拘泥。

这两层含义在《节卦》的爻辞中体现得更为明显。比如，在初九的爻辞中说道：“不出户庭，无咎。”也就是劝诫我们在此刻要谨言慎行，韬光养晦。而在九二的爻辞中又说：“不出门庭，凶。”显然和之前相比，情况已经发生了变化，在这个时候就需要动起来，如果闭门不出，毫无作为的话，反而会有凶险。

联系我们这一章的内容来看，在当下这个信息爆炸的新媒体时代，我们应该如何把握自己，同样可以从《节卦》中得到借鉴。我们是沉溺在信息浪潮中不能自拔，还是在浪潮中稳舵前行，关键就在于能不能节制自己的行为。

从被动的角度看，作为接收信息的一方，我们能否掌握主动权，于纷繁复杂的信息洪流中遴选出适合自己的信息，避免把自己的时间和精力浪费在与自己无益的资讯上。这就是对我们自我节制能力的极大考验。

从主动的角度看，想要发出自己的声音，同样也需要节制和把握好尺度。人们常说，祸从口出，言多必失。如果能在表达意见之前进行考察调研或经过深思熟虑，就不容易有太大的过失，这是对自己负责，也是对大众负责。同时，在这样一个时代，该发出自己声音的时候，就应该勇于表达，展现自己。如果节制过度，就会丧失时机，也会带来遗憾。

第二章 每个人都可以来一次供给侧改革

供给侧改革，是 2015 年年底出现的一个新概念。现在已经无人不知。

2015 年 11 月 10 日到 11 月 18 日，前后九天，中央四次提及“供给侧改革”，让这一概念成为中国经济领域最火热的词汇。这个词汇立即引起民众的重视，因为可以预见，这个全新的改革思路，必将使中国经济改革迎来一次不小的变化。

“供给侧”一词也随之进入我们的视线。相对于这个概念，其所对应的“需求侧”我们更为熟悉，需求侧也就是通常所说的投资、消费、出口，拉动经济增长的“三驾马车”。而与之对应的“供给侧”，则是指生产要素的供给和有效利用。

供给侧改革虽然在中国刚刚提出，但是这种经济政策也有其学术渊源。在经济学界，凯恩斯学派强调通过需求管理来调节经济周期，特别是在经济不景气时通过加大政府公共支出来保持经济的稳定；古典学派和供给学派强调供给一方的作用，强调通过财政货币政策激励生产企业调整产品结构、提升产品质量，强调依靠技术进步和生产效率的提升来提高国民经济的供给能力。

在中国，供给侧改革出台的背景，则是中国经济增长将开始放缓，这也就是更早一段时间所说的“新常态”。

根据媒体的解读，供给侧改革是消除结构性障碍、恢复市场机制、释放企业活力的重要举措。只有加快推进供给侧结构性改革，用改革的办法矫正供需结构错配和要素配置的扭曲，并加以制度保障，改革才能破“冰”。所谓不破不立，改革的阵痛，是中国经济“破而后立”的必要阶段，将为日后经济的长期稳定和企业的腾飞奠定坚实基础。

实际上，发展一段时间进入“新常态”，才是事物发展的常态。这是一个客观规律，和中国经济一样，世界经济也在近几年进入了一个被称为“新中庸”的时期。而在这种阶段，只有改革才是上上策。对此，经济合作与发展组织（OECD）秘书长古利亚与斯宾塞教授也认为，当全球经济进入“新中庸”，我们都需要加快改革，而非停滞改革。

说到这里，我觉得不仅仅是国家，每个人也都需要阶段性的供给侧改革。对于一个国家，供给侧改革是经济发展中需求和供给的相对平衡，对应于一个人的人生发展，我理解为成就和能力的互相作用，在一段时间就需要一次调整。也就是说，当我们的人生进入停滞期，我们就要从能力一段来一次改变。

用一句话来说，个人的供给侧改革，也就是我们每个人重新审视自己人生的要素，对诸如人际关系网络、专业能力等做一个梳理，思考一下如何更有效地利用和完善这些要素，以求得更好的发展和人生前景。

从新常态的角度来看，其实每个人的人生都会在一定阶段进入新常态，就是人生似乎停滞不前的状态。这样的阶段，虽然个人仍然努力，但又找不到什么像样的突破口，实现跨越。对于学生时代，可能是无论如何努力也不能再提升成绩；对于成年人，则是在工作上无法再晋级，或是公司在一个规模上不能再向前发展。

这时，其实我们可以借鉴供给侧改革的思路，焦虑和放弃都不足取，刻意地去追逐目标也很难取得显著效果，我们应该对已经习以为常的生活习惯做一些改变，有时这些潜移默化的改变，反而能够水到渠成。

升级人际关系

在人类社会中，一个人的发展最重要的就是建立人脉网。为什么人际关系这么重要？先从一个小故事讲起。

如果你是在海上漂流的鲁滨逊，手里有这几样东西：火柴、塑料布、镜子、食物、水和指南针，现在假定你带不动那么多东西，必须逐一扔掉，你最后保留哪样？这道题实际上是一家跨国公司的招聘考题，答案当然多种多样，因为上面说的每一样东西，看上去都是生存的必备品，而每个人的答案等于是他为这些必备品的价值做了一个排序。因为是公司的招聘考题，所以这道题也有其标准答案，这个标准答案就是：镜子最重要，你要把镜子留到最后。

有人可能会对这个答案提出质疑，为什么不是保留食物和水呢？如果没有食物和水，人很难在大海上生存下去。但是，从理论上讲，食物和水并不能让鲁滨逊获救，因为鲁滨逊有再多的食物也撑不到漂到陆地的那天，镜子的作用是求救工具，而鲁滨逊获救最保险的办法是利用镜子的反光向过往船只求救。

其实从这个小故事里，不难发现，出题人想说的一个道理是：就算你身处茫茫无际的大海，最大的希望仍然是在其他人身上。这没有错，在人类社会中，个人的力量毕竟有限，无论何时都不要忘记你最大的希望来自于社会，也就是能够帮助你的人。

换句话说，这是一个拼人脉的年代。鲁滨逊是一个非常极端的案例，绝大多数人都不太可能有在海上独自漂流的人生经历。在现实生活中，谁都不可能成为鲁滨逊那样的孤胆英雄，而应该是站在巨人肩膀上的英雄。在大公司管理者眼中，合作才最重要，就算你成为鲁滨逊，仍然需要别人的帮助。正如好莱坞的流行语所说，“一个人能否成功，不在于你知道什么，而在于你认识谁”。

关于如何经营自己的人际关系，有很多理论和著作，我们不可能每本书都去通读一遍，其实这些理论说到底，原则都差不多，以下列举的几点估计能够涵盖大部分：

要让自己变得有价值

“友谊的小船说翻就翻”，这是最近十分流行的一句网络语。这句话并没有错，在利益面前，友谊不一定靠得住，所以不要试图用友谊去考验人性，人本质上是自私的，自私也没有什么错，这也是人类进步的源泉之一。

所以，如果正处于搭建人脉网络的时期，能做的就是考虑自己如何才能为别人提供价值，这样别人才会愿意与你结交。搭建人脉，并不是简单地认识人，一面之缘的人不可能自然而然地成为你的朋友，更不可能在你需要时为你提供帮助。

一些年轻的朋友在行业会议等公开场合与别人交换名片，并满足于取得名片这一步。但是，如果只做到这一步是没有意义的，试着回忆一下，哪个你正想结交的人在得到你的名片后主动联系过你？如果想让他愿意和你保持联系，最靠得住的办法是在认识之初，就展现出自己有用的一面，让他在需要时能够想起你。

“友谊的小船”需要投资

世界上的一切事物都不是静止的，人际关系也是一样：不是越来越亲密，就是越来越疏远；不是越来越好，就是越来越坏；不是越来越信赖，就是越来越猜疑。总之，始终是动态的。我们常说维持现状，那是自欺欺人，凡事都不可能维持现状。

和其他关系一样，友谊也需要投资，才能够长久保持。但这种投资并不一定是钱，有时一些个人的小爱好更能够帮上忙。有一次，我的一个朋友偶遇了一位他非常敬佩的同行，两个人在饭桌上聊得很开心，后来成为朋友。我想说的重点是他们聊的内容，他知道这位同行喜欢研究党史，所以提前有所准备，见面时就一部刚刚播出不久的电视剧和他讨论。

友谊也是动态的，这样的投资，会让交情的雪球越滚越大，因为一个人很难遇到和自己兴趣相投的人。说到这里，搭建人脉网，首先应该投资的是自己，培养一些小的兴趣、爱好，非常有用。当一个人不断地充实自己，具备和别人互动的条件时，人际关系就有了非常好的起点。

不要临时抱佛脚

前面已经说过，友谊需要投资，收益才会越来越大，所以你要在平时就打造好人际网络，并尽量保持联系，才能在关键时刻发挥作用。

用一句话来总结，当需要支援时，你应该保证自己身边有一个朋友组成的咨询公司，作为自己的决策参考。这个咨询公司会为你提供战略分析，甚至是与此相应的资源配置。

其实每个人都会经常碰到这样的需求，但如果没有提前布局，一般人只满足于遇到不好做决定的事，打电话问问朋友，或是找朋友帮忙。但如果你没有意识到自己应该拥有一个私人咨询公司，没有做好这样的准备，那就只能临时抱佛脚。或者是找一些不熟悉的人来咨询，这个人因为和你没有达到无话不谈的交情，可能碍于情面，给你做一个大致的分析，但一般不会讲明其中的利害；又或者，你只是找自己熟悉的朋友，这个人可能在见识和能力上，都不足以提供帮助，他的分析有时反而可能添乱。

不要留下遗憾

饱经风霜的旧中国上海青帮老大杜月笙经常感叹说，人生有三碗面最难吃——人面、情面、场面。这句话曾经在多部时代片中出现，足以证明说到了中国人心里，而且至今仍然没有失效。

说到底，中国人最爱面子，“不给面子”在中国是一句可以压死人的话。但反过来想想，如果所有人都爱面子，那么放下面子主动去结交朋友，就更显得难能可贵。每个人去结交朋友，都会有一点儿心理障碍，担心别人不给面子，不愿意理你。但是，在担心失败窘境时，想一想收获，以及不尝试留下的遗憾。

不要一个人吃饭

其实这句话还可以扩展开来，不要一个人看球，不要一个人打保龄球等。但《不要一个人吃饭》，还是一本书的书名，内容正是讲人际关系，内容很实在。可以想象，对于全世界的人来说，吃饭都是人际交往的重要场景。这是一本美国人写的书，对于中国人，饭局就显得更为重要。这个道理不用多说，中国人很重视吃饭，实际上共同用餐确实非常有助于交流，想要搭建一个人脉网，一起吃个饭是成本最低的投资。所以，尽量不要一个人吃饭。

要看懂山势水势

我曾认识一位来自台湾的朋友，他已经年过五十，还在电子行业打拼。电子行业本来是台湾的优势产业，但这个行业变化很快，竞争也非常激烈，一般人都认为更适合年轻人。我曾和他请教过，在这样一个竞争激烈的环境中，如何保持成功。

很意外，这位老先生没有给我分析科技前沿和竞争对手，他只是说，做生意最重要的就是要看懂山势水势，以及找到自己的贵人。

他所说的山势水势，指的是全球经济和一个行业的趋势，看懂潮流向哪个方向发展。而找到自己的贵人，是说要懂得布局，在正确的方向上提前找到合作伙伴。

这位老先生在这方面有独到之处。以在北京为例，他虽然很忙，但他还是在北京的欧美同学会担任了职务，而且每次活动必到。在这样的活动上，他从不主动去和别人结交，只是忙前忙后。在和别人说话时，他会刻意避开“台湾腔”，大家都知道他是台湾人，但是他要融入这个圈子，就不能在活动中让人意识到这一点。对于他来说，这已经成为习惯，他可能知道我英语不好，在和我说话时，所有的专业术语也都努力地翻译成中文，自始至终没有说过一个英文单词。

中国人讲究“多个朋友多条路”，一个人只靠自己奋斗，进步会很慢，所谓交朋友，就是要尽量利用社交圈子，掌握社交原则。认识的人多了，就会有能够帮助你的人，也就是所谓的贵人。

不过，有心人不会等着和贵人偶遇，而是像这位老先生一样，主动融入贵人圈子。在科技领域，贵人就是那些从欧美留学归国的年轻人，这些年轻人也是当下的社会精英，他们有些人在自己创业，还有些人在跨国公司担任高管，总之，这些人掌握了这个时代和行业的发展潮流。多结交这些朋友，不但可以扩大见闻，增长知识，而且在新趋势到来时，能够随时请教，不至于请问无门。

可能有的人认为，靠别人的赏识、帮助，不如自己努力奋斗。这个观点不适合工业社会，现代社会讲究的就是分工、合作，没有人能够单打独斗。别人帮你的同时，你实际上也是在帮别人。这样你的圈子才会越来越大，而你的能力当然也越来越大。

另外一点，在建立人际关系时，很多人都抱着寻找“志同道合”的合作伙伴的出发点，而且在大家的心中，“志同道合”实际上包含了很多标准，例如人品、性格、兴趣爱好等。但是想一想，这样的条条框框画下来，能够成为朋友的也就没有几个人。

其实这是中国社会的常态，“人生得一二知己足矣”这句老话，说的就是这种人际关系。但是，这种人际关系虽然由来已久却并不适合当下的社会。

中国人只满足于人生只能得一二知己，这可能是因为我们一直都习惯于身处“熟人社会”，所谓熟人社会，是20世纪费孝通在《乡土中国》中提出的概念，认为中国传统社会有一张复杂庞大的关系网，人熟是一宝。这本身没有错，而且会让我们生活得很舒服，周围都是熟人，有共同的背景，习惯于用一种大家都容易理解的话语交谈。

熟人社会思维实际上本能地排斥陌生人。我们从小到大，都习惯于“敌视”陌生人。在幼儿园里，我们受到的教育就是“不吃陌生人的糖果”“不给陌生人开门”“不能和陌生人说话”；对于独立在家中的老人，我们也会反复叮嘱，“陌生的电话号码不接”“买东西不听陌生人的推荐”；甚至在银行ATM机取款时，也会被系统提示，“不给陌生账户打款”……

因此，中国社会的信任机制也一直很难建立，进入陌生人社会也步伐缓慢。实际上，欧美国家也曾经都是熟人社会，但是现代社会必然从熟人社会过渡到陌生人社会。美国知名学者弗里德曼有一段关于“陌生人社会”的经典描述：“走在大街上，陌生人保护我们，如警察；陌生人也威胁我们，如罪犯。陌生人教育我们的孩子，建筑我们的房子，用我们的钱投资……”

从过去的“熟人社会”走向“陌生人社会”，首先是一种进步。这意味着经济规模扩大、人员流动性增强、公共服务的社会化程度提高。但是，刚刚离开“鸡犬相闻”的村落，单位不再“办社会”，难免要面对种种不适应。这时，我们就面临一个难题：该如何和陌生人相处？

当然，我在这里不是要讨论如何建立整个社会的信任机制，而是如何在熟人之外，扩展自己的朋友圈。就这一点，我认为应该建立一种半熟关系。我所说的半熟关系，首先要明确的是，不要期望把必须要结识的陌生人变成熟人，而是成为半熟人。我所说的半熟人，就是与这些朋友建立起共同爱好或共同话题，平时多联系保持关系，但尽量少打扰，建立起一种互相信任，但并不介入对方生活的关系。

在现代社会，我们除了有自己的熟人关系，还要习惯于与陌生人交往，建立起以半熟人为主的、更广泛的朋友圈。

怎样成为半熟人？有一点很重要，就是要抛弃遇到一个人先判断对方优缺点的习惯。除了人生的一二知己，我们可以把每个人都先看成一个陌生人，不去想他的优点和缺点，只去寻找成为半熟人的可能性。而且，实际上这并不违反做人的原则，因为实际上没有什么人有缺点，一个人的优点可能也正是他的缺点，而反过来缺点也可能正是他的优点。所以在建立人际关系网时，不要去想志同道合，以及一个人的优缺点。

外表很重要

外表真的很重要，还是先从一个小故事讲起。

文学家但丁有一次受邀参加国宴，这位老兄故意穿得破旧邋遢，丝毫不起眼，一进宫门，立刻被安排在宴会厅的偏僻角落，没有被盛情款待。等他再接受国王邀请时，改以华服美饰装扮出现，结果立刻被邀至国王身旁的贵宾席位。

宴会进行中，但丁把美酒倒在衣服上，把美食往身上涂，国王以及宾客们都看傻了眼。这时，但丁说，这次所以被礼遇是因为这套衣服，可见被邀请的是衣服，而不是他本人。

看完这个故事，人们可能有不同的感想，如果你认为国王的仆人势利眼，对华冠丽服的人另眼看待，也没错。但是中国式管理大师曾仕强认为，其实错在但丁。他错在不修边幅，被安排在偏僻角落，无可厚非。更错在他故意如此，反过来责备别人，有故意使人难堪之嫌。

这是一个外国的故事，而我们中国人自古以来就重视外表，历史记载中出现的每个人物无不有外表的描述。而且，外表也和前面所说的面子有很大的关系，穿合适的衣服也是表达对别人的尊重。

要做到这一点，一个人的外表不应该一成不变，而是随着生活环境和内心追求的前行而变化。思想的保守很容易从外表上体现出来，在我们的中学课本里，曾有一篇契诃夫的著名短篇小说《装在套子里的人》，这个故事里的主人公害怕一切改变，他总想给自己包上一层外壳，给自己制造一个所谓安全的套子。所以他的穿着显得十分古怪：哪怕在艳阳天出门他也总是穿着雨鞋，带着雨伞，他的雨伞、怀表、削铅笔的小折刀等等一切能包裹起来的东西都总是装在套子里，就连他的脸也好像装在套子里，因为他总是把脸藏在竖起的衣领里面，戴着黑眼镜，耳朵里塞上棉花，坐出租马车的时候也要车夫马上把车篷支起来。

这种穿衣风格，完全将自己和周围的一切隔离开来，同时拒绝一切改变。实际上为了营造良好的人际关系，我们要做的正好应该相反。

每个人都要根据自己生活中所需要撑起的“场面”来穿着打扮。现在的年轻人都讲究个性，喜欢穿着古怪而时髦，这没有错，但是要分场合。例如，就算再喜欢Vetements，你也不能把DHL快递T恤穿到谈判桌上，虽然今年已经有无数名人穿着这件黄色T恤招摇过市，185英镑的价格也不算便宜，但是时尚达人的外貌会让你和谈判伙伴和对手格格不入。

在正式的商务场合，只有西装穿得整整齐齐才不会被当成怪物。时髦的衣服，可以留在朋友聚会上，如果这时你再穿一身正装，估计也是和小伙伴们玩儿不下去了。

要穿得和自己的身份相符。我们经常听到有人用“一表人才”来形容一个人，实际上，这个评语中，穿着占的比例很大。

如果不能做到一表人才，则会对职业前途相当不利。我有一位朋友，薪水其实不低，年薪五六十万，但是他自称只穿优衣库和迪卡侬，如果他是一位创业公司的创始人，或是IT公司的“码农”，这还说得过去，但实际上他是一家公司的高管，而且他的老板和其他同级的同事都是时尚达人，在办公室里经常穿一身名牌。当然，这位朋友非常有才华，这可能是他想保持特立独行的一种方式。但说实话，穿衣风格虽然是私事，但是这种过于休闲的风格确实对这位朋友不利。如果要体现抵制奢侈品的态度，可以留在下班时间。

最后要说的是，对于外表，我们一直有着矛盾的认知。一方面，我们从小就被教育要更重视一个人的内在美，而不是外表的美。过于重视外表甚至会让我们怀疑自己是不是过于肤浅。但与此同时，我们自己也会习惯于以“貌”取人，“某人总是穿着那一套衣服，他是没有别的衣服吗？”“为什么某人会穿成这样，显然混得也不好。”

实际上，这两点并不矛盾，一个人需要建立起一套整体的形象，而且要长期保持这种形象，首先要有能力，有专业知识，这当然是根基。但其中也包括人的外表，一个给人格格不入印象的人，自然会降低大家对他的信任度。

让人感觉舒服，这是一种态度同时也是一种能力。从最基本的层面来说。在各种场合不会让人感到难堪的人，更容易和别人相处。这也就是孔子所讲的“和而不同”，不同，就是说在每个人的内心可以保持独立的自由精神；而和，则是说，表面上不刻意标榜自己跟别人不一样，能够融入到周围的环境之中。

成为平台型的人

上面说到，一个人扩大自己的交友范围，要找到一些和别人的共同爱好，但是一般来说，如果是专业领域的共同点，那就不能称其为共同爱好，而且让人产生戒备心理。

例如，如果你是一个销售人员，如果和同行打电话，每次都是讨论市场情况，销售进展，那长期下来，双方都会感到乏味，这和公司内部开会也没什么区别。

另一方面，广交朋友，就是不要只在自己行业范围内交朋友。在自己行业内，所有人的视野资源其实都差不多，要想丰富自己的见闻，需要跨行业跨学科的朋友才行。

专业只能让你有饭吃，而不能让你过好日子。人要吃饭就不得不有专业，可是有了专业以后，生活的乐趣就大大减少了。一辈子从事一个行当，一辈子只懂这一行，有什么乐趣?

我们从小到大，都对专业寄予过大的期待，从小就被教育说，“学好数理化，走遍天下都不怕”，长大后也是将绝大部分时间精力投入到自己的专业上，认为这才最有安全感。但实际上，跨界，也是这个时代的一个特点，互联网让各种行业有了融会贯通的可能，如果你涉猎的知识很多，认识各方面的朋友，那么就比别人多了抓住这种跨界机会的可能性。

但是，这种跨界本身有些门槛，俗话说隔行如隔山，平时多学习也必不可少。在互联网时代，获取知识比以往人类历史上的任何时期都更为容易，但与此同时，每个人的综合知识也会更容易拉开差距。

另外，对于自己的定位也很重要。如果想在各行各业广交朋友，我们可以把自己定位于一个朋友圈的平台。近两年，平台化发展是大公司很流行的战略，如小米、海尔等公司，都将自己定位于业内的平台，搭建起一个可以让各种公司共同发展的生态圈。

一个平台型的人，我认为也是未来社交领域所需要的类型，也就是说，你有了各行各业的朋友，同时对于各行各业的知识也都有一定的了解，并且能够将这些朋友融合到一个圈子里。

说了这么多，其实是想说，对于人生来说，也和国家的发展一样，需要随时改变。也就是蠕虫式发展，虫子拱起身体、收缩成一团，然后才能放开，继续前进。而在收缩的阶段，我们需要积蓄能量，来为下一次的发展做准备。

这个能量从何而来？就是我想说的供给侧改革，个人的供给侧改革就是在自己的内在能力、外表仪容以及人际关系上，都能够与时俱进地发展，变化。

结语

明出地上，晋。君子以自昭明德。——《晋卦·象传》

《晋卦》的象辞指出本卦的上卦为离，下卦为坤；离为日而坤为地。卦象是太阳升到地面上，普照大地，万物沐浴光辉，蓬勃生长。君子观此卦象，从而意识到要彰显自身的光明之德。

“晋”的意思就是“进”。像太阳从地平线上冉冉升起，越向上越放射出光明，这是升进的正道。君子由此领悟到应遵守正道，身体力行，逐渐修养自身美好的品德，不断提高和完善自己。这种进步的过程，就如同太阳升入天空不断展示自己的光明一样。

《大学》里面提到，商汤时有一句刻在洗澡盆上的箴言是“苟日新，又日新，日日新”，本义是指洗澡除去身体上的污垢，使身体焕然一新，引申为人们应该坚持不懈地完善自己，更新自己。

所以，《晋卦》的含义是非常明确的，就是认为人的生命就在于成长进步。生命就是生生不息之命。有新陈代谢，是生命；有不断提升，是生命；有学习成长，是生命。如果不再长进了，就不再是生命。

《晋卦》说的是升进之道，但同时又强调了“德”。所谓“君子以自昭明德”，从个人修养来说，“明”就是美好的品德，升进的过程就是自我修养的过程。《晋卦》的《彖传》中说“顺而丽乎大明，柔进而上行”，强调顺德之臣上附于大明之君，以柔顺之道，积极进取努力向上。

因此，这种进步有两点很关键：一是要柔顺而行，一是向光明而行。所谓柔顺就是要时刻保持谦卑的心态，这样不仅能避免自己骄傲自大，故步自封，还能树立良好的人际关系，赢得他人的支持。而向着光明就更容易理解了，如果走的是光明大道，当然会日新月异。相反，如果误入歧途还盲目升进的话，那就是一条路走到黑了。

结合本章提到的个人的供给侧改革，《晋卦》给我们的启示也很关键。之前提到要“晋”之有道，要柔顺而行，要向光明而行。本卦还有一层含义就是它告诫人们要把握住时机，机会成熟时，该进取就要进取，不要犹豫不决，更不要瞻前顾后、患得患失。

因此，我们要时刻提醒自己，要保持谦卑的心态，从内到外地不断完善自己，维护好自己的人际关系。和志同道合的朋友们一起，在光明大道之上，向着正确的目标，毫不犹豫，一往直前，共同进步。

第三章 屠呦呦获诺奖：坚忍实干，才能品出人生的意义

2015 年 10 月 5 日下午，85 岁的屠呦呦正在洗澡，客厅里看电视的老伴突然告诉她："你得奖了！"屠呦呦并没有表现出多少惊喜，由于她刚刚在 6 月份获得了美国哈佛大学医学院华伦 · 阿尔波特奖，所以当时以为电视里正在播的是这则消息。

"是诺贝尔奖！"

屠呦呦和家人完全没有想到，在相距七个时区之外的瑞典首都斯德哥尔摩，诺贝尔生理学或医学奖评委会常务秘书乌尔班 · 林达尔和三位评委将她的名字与诺贝尔奖联系在了一起。林达尔面带微笑，先后用瑞典语、英语宣布，2015 年诺贝尔生理学或医学奖授予中国药学家屠呦呦，以及爱尔兰科学家威廉姆 · 坎贝尔和日本科学家大村智，以表彰他们在寄生虫疾病治疗研究方面取得的成就。在林达尔身后的大屏幕上，屠呦呦和其他两位诺奖得主的照片和介绍展现在了全世界面前。这意味

着，中国首次由女科学家获得诺贝尔奖，而这也是中国医学界迄今为止获得的国际最高奖项、中医药成果获得的最高奖项。

屠呦呦获得殊荣的原因是发现青蒿素，主要用于治疗疟疾。疟疾、艾滋病和癌症被世界卫生组织（WHO）列为世界三大死亡疾病。在青蒿素问世和推广前，全球每年约有四亿人次感染疟疾，其中至少有100万人因病致死。

在“声名鹊起”的这个时刻，屠呦呦被全世界的媒体，特别是中国媒体疯狂搜索着，甚至被冠以“中国的居里夫人”。而屠呦呦本人可能是这件事中最冷静的人之一。面对纷至沓来的贺信、鲜花和采访邀请，屠呦呦一遍遍淡定地告诉兴奋的人群：“这不仅是个人的荣誉，更是国际社会对中国科学工作者的认可。”

屠呦呦获奖的那段时间，我一直在跟踪阅读相关报道。我对屠呦呦本人的敬佩，除了她对全世界医药界所作的贡献，还源自于她面对巨大荣誉时表现出的淡定。是屠呦呦的养气功夫到家？还是淡泊名利的品性使然？这些问题让我迫切地想了解其人其事，并提笔写下这篇文章。

坚忍实干：专注于工作，而不是功利

为了给这篇文章加一个戏剧性的开始，我选用了屠呦呦在瑞典诺贝尔大厅里的一段演讲。“我现在要说的是40年前，在艰苦的环境下，中国科学家努力奋斗，从中医药中寻找抗疟新药的故事。”

一切故事的开始，或者说命运的转折始于1969年1月21日，“523”办公室负责人来到屠呦呦当时所在的中医研究院，言明为了找到治疗疟疾，也就是中国民间俗称的“打摆子”病的药物，他们已经在全国范围内开展了调研普查和筛选研究，而当时的阶段是要从调研和筛选得来的上万种（包括化合物和中草药在内）可能性中挑选出最终答案。

全国大协作项目“523”任务的由来

越南战争（1955—1975年）进行的过程中，抗药性恶性疟疾爆发，参战的美越双方都遭到了致命打击。数据显示，1964年美军因疟疾造成的非战斗减员比战伤减员高出4～5倍，1965年驻越美军的疟疾发病率高达50%；越南人民军1961—1968年间，绝大多数时间都是病员比伤员多，病员中大多数都是得了疟疾。

“战胜疟疾”在当时甚至成了决定胜负的关键要素。美国方面为此专门成立疟疾委员会，几十个单位、大量研究经费都扑在研发上。截至1972年，美国华尔特里德陆军研究院筛选出21.4万种化合物，但离找到理想的新结构类型抗疟疾药还差很远。越南方面找到了中国，向毛泽东提出支援抗疟疾药物和方法的请求。

其实，中国也深受疟疾之苦。早在新中国成立之后不久，政府即展开疟疾防治工作，但在20世纪60年代初至70年代初，我国再次大范围暴发疟疾，全国发病人数在1000万～2000万。最严重的1970年，一年就发病将近300万人次。当接到越南的请求，毛泽东当即表示："解决你们的问题，也是解决我们的问题。"

1967年5月23日，国家科委和中国人民解放军总后勤部在京召开了"疟疾防治药物研究工作协作会议"，由此拉开抗疟新药研究的序幕。因为这是一项援外战备紧急军工项目，为了保密就将会议召开的当天日期"523"定为任务代号。

疟疾是千古顽疾，在屠呦呦发现青蒿素之前，最有效的治疗药物是法国化学家在19世纪从金鸡纳树皮中分离出来的奎宁；之后，科学家又在第二次世界大战期间发明了奎宁的替代物——氯喹，一度成为抗击疟疾的特效药。为什么说是"一度"呢？因为疟疾在和奎宁和氯喹对抗的过程中出现了抗药性，也就是说两者的疗效越来越不明显。到了20世纪60年代，疟疾再次大面积爆发，在东南亚地区甚至到了无法控制疫情的程度。

"523"项目的任务很明确，就是通过军民合作开发防治疟疾药物，同时对所开发防治药物的要求是高效、速效，预防药物要长效。这在当时是天大的难题。而当时又正值"文化大革命"期间，作为"重灾区"的中医研究院中很多经验丰富的老专家是"靠边站"的，接受任务的是当时39岁的屠呦呦。

这看似是历史上的一个偶然，但我认为这是医药史上的一次必然。当时的屠呦呦已在中药所工作十四年，之前她还脱产两年半参加了卫生部组织的中医研究院西医离职学习中医班。而更重要的原因是，她在科研上有种异常能吃苦的狠劲儿以及对工作的使命感。

“目标明确、坚持信念是成功的前提。”2015年10月，屠呦呦在瑞典诺贝尔大厅的演讲中说，“对于一个年轻科研人员，有机会接受如此重任，我体会到了国家对我的信任，深感责任重大，任务艰巨。我决心不辱使命，努力拼搏，尽全力完成任务！”

虽然被任命为课题组组长，但在最初的两年时间里，屠呦呦手底下一个人都没有。“光杆司令”并没有抱怨，在三个月的时间里，屠呦呦收集、整理历代医药典籍，请教老中医，甚至查阅老百姓使用的民间方药，比如著名生药学家楼之岑就曾指导她鉴别药材。最后，在汇集了包括植物、动物、矿物等2000余内服、外用方药的基础上，屠呦呦编写出以640种中药为主的《疟疾单验方集》送交“523”办公室，这里面就有之后提取出青蒿素的青蒿。

但遗憾的是，屠呦呦第一个选择研究的不是青蒿，而是胡椒。经过长达两年的深入研究，甚至亲赴海南疟疾疫区进行临床疗效观察，屠呦呦最终发现胡椒不是最终的答案。而直至1971年9月，筛选出的100多种中药的水提物和醇提物样品200多个，里面对疟原虫的抑制率最高的也不过40%。这意味着，辛苦寻找两年多，屠呦呦又回到了起点——氯喹仍然未被超越。

作为一个已知结局的后来者，当我阅读到这段曲折历程时都不免心生挫败，很难想象当事人屠呦呦在面对艰巨任务和前路未卜时的内心压力。如果易地而处，包括我在内的大多数现代人有多少还能心无旁骛地继续前行？而《屠呦呦传》里在提到这一段时，很有意思地引用了屠呦呦的一句话：“重新埋下头去，看医书！”屠呦呦的执拗和坚持，透过九个字，跨过45年的时间距离，让我深刻地感受到了一种纯粹的敬业，甚至可以说是一种信仰。而我认为，就是这股力量让屠呦呦成为今天所有人都知道的屠呦呦——青蒿素抗疟疾的发现者。

1971年还是很多事的一个新开始，除了再次埋头看医书，屠呦呦终于有了自己的部下。几个人从《神农本草经》翻到《圣济总录》，再到《温病条辨》……公元340年间东晋葛洪所著的《肘后备急方》最早记载了青蒿治疗疟疾的事，之后宋代的《圣济总录》、元代的《丹溪心法》、明代的《普济方》《本草纲目》、清代的《温病条辨》《本草备要》等都有“青蒿汤”“青蒿丸”“青蒿散截疟”等记载。其中，《肘后备急方》中有关青蒿的描述“青蒿一握，以水二升渍，绞取汁，尽服之”，让屠呦呦注意到了青蒿素提取时的温度要求，而这个发现成为之后解开一切难题的关键第一步。

“古籍虽多，却都没有明确青蒿的植物分类品种。当年青蒿资源品种混乱，药典收载了两个品种，还有四个其他的混淆品种也在使用。后续深入研究发现：仅 Artemisia annua Linn 一种含有青蒿素，抗疟有效。这样客观上就增加了发现青蒿素的难度。”屠呦呦在演讲中回忆。

45年前的屠呦呦重新设计了研究方案，对一些重点关注的药物还设计了多个方案。比如青蒿用低温（60摄氏度以下）提取，用水、醇、乙醚等溶剂分别提取，将茎秆和叶子分开提取等。1971年9月，课题组再次出发，他们夜以继日地对既往筛选过的重点药物及几十种新选入药物进行筛选研究。在迎接黎明的黑暗中，课题组一共失败了190次。最终，屠呦呦和她的伙伴找到了目标：191号青蒿乙醚中性提取物样品对疟原虫的抑制率达到100%。

在外行看来，胜利已经在倒计时，但其实，“取经路上九九八十一难”才遭遇了一半。下一步的临床研究需要制备大量的青蒿乙醚提取物，而屠呦呦发现“文化大革命”中根本找不到一家药厂配合工作。怎么办呢？为了抓紧时间，屠呦呦用了“土法”：用七个大水缸代替实验室常规提取容器，中药所又派增人员大量提取青蒿乙醚。

乙醚这些有机溶媒对身体有害，当时设备简陋，没有通风系统，实验防护就是戴个纱布口罩。因此导致的结果是：科研人员出现头晕眼胀、流鼻血、皮肤过敏等反应，而屠呦呦得了中毒性肝炎。而这只是屠呦呦和课题组拿身体来拼的第一步。

在进入临床试验环节之前，青蒿乙醚中性提取物在一些动物身上出现了毒副作用。为了尽快进行临床试验，屠呦呦向领导提交了志愿试药的报告。再次易地而处，如果把之前的“泰山压顶”当作第一关，那么这“以身试毒”的第二关恐怕会让更多人却步。我无法想象，照片中戴着眼镜，有着江南女子斯文气质的屠呦呦，如何对领导说出："我是组长，我有责任第一个试药！"也许，曾国藩所说的"坚忍实干"才能解释这种可称为"勇于献身"的高尚精神。

1972年7月，屠呦呦带着另外两名勇于试药的课题组同事住进了北京东直门医院，成为首批人体试毒的勇者。结果是受试者均情况良好。从医院出来，当年8月—10月，屠呦呦亲自携药赶赴海南昌江疟区进行临床试验。

跋山涉水，酷暑高温，屠呦呦为确保用药剂量，亲自为21位临床病人喂药，并守在床边观察病情、测体温、观察疟原虫数量变化。最终，临床结果令人满意。

关于青蒿素及其衍生物最终的广泛应用，还有很多"艰难"的故事可以讲：提取难度、临床验证出师未捷、分子结构的破解、衍生物的发现、《新药证书》的取得等都是让人深刻认识屠呦呦以及"坚忍实干"品质的好例子。

自从1955年分配到中医研究院中药研究所工作，屠呦呦在60年的时间里很少离开自己的办公场地，始终专注于对青蒿素的研究。即使在发现青蒿素之后，她也从未懈怠，对事业的执着追求，让她开始进行更加深入的探索。1973年，屠呦呦成功合成了青蒿素的衍生物双氢青蒿素，后者后来被证明比天然青蒿素的效果还要强得多。

虽然已年过八旬，但屠呦呦从未把自己纳入退休行列。她依旧担任着青蒿素研究中心的主任一职，为她的终身兴趣奋斗着。在青蒿素被广泛使用之后，屠呦呦的关注点转移到了青蒿素被滥用以及疟原虫耐药性问题上。2015 年 12 月 2 日晚上，在前往斯德哥尔摩领取诺贝尔奖的前两天，屠呦呦还在对中国中医科学院中药研究所所长陈士林谈创新的重要性。

用心研读屠呦呦的平生，其实也是反省和思考的过程。在多次易地而处的情况下，凭空想象出的困难已经让我退缩。我想，一路走来的屠呦呦如果抱着“拿诺贝尔奖”这种“求奖励”的功利心态，她是走不出这一关关困境的——成百上千次的尝试与失败，艰苦的科研环境，迎接曙光前的寂寞和迷惘……那么，是什么支撑着屠呦呦一路走来呢？我认为是她对工作的纯粹、非凡的毅力和崇高的理想，并由此衍生出的“坚忍实干”。

2011 年 9 月，81 岁的屠呦呦在美国纽约领取拉斯克奖时，最令人激动的发言内容是关于推进中医药学的国际影响力。“要呼吁进一步发掘传统中医学，继承发扬、继承提高、继承创新。中医药是伟大宝库，对世界人民健康的潜力还有待继续发掘。我们老祖宗替我们保留了很多有益的经验。我们找到青蒿素，解决了全球迫切想解决的问题。类似的传统药还有很多。”屠呦呦说。

2015 年 10 月，在领取诺贝尔奖之际，屠呦呦的演讲依然离不开对中医药学的赤诚热爱：“中国医药学是一个伟大宝库，应当努力发掘，加以提高。青蒿素正是从这一宝库中发掘出来的。通过抗疟药青蒿素的研究经历，深感中西医药各有所长，二者有机结合，优势互补，具有更大的开发潜力和良好的发展前景。”

当她将自己的奋斗目标明确为“希望青蒿素能够物尽其用，

也希望有新的激励机制，让中医药产生更多有价值的成果，更好地发挥护佑人类健康的作用”。那么青蒿素及其衍生物最终投入使用的一刻，疟疾患者因青蒿素得到治愈的每时每刻，以及中医药学在国际上声名渐起之时，就是她愿望达成、汲取成就感的时刻。这让屠呦呦的获奖宣言不是自吹自擂，反而成了中医药学的推广舞台。

面对突如其来的赞誉，你能冷静地将荣誉交归大众吗？

青蒿素在 1986 年获得《新药证书》，它的衍生物双氢青蒿素在 1992 年获得了《新药证书》。《屠呦呦传》里讲了一个非常有意思的故事。1995 年，肯尼亚疟疾重灾区奇苏姆省的一位孕妇得了疟疾，如果使用奎宁或者氯喹，即使母亲活下来，婴儿也很可能流产或者畸形。但使用双氢青蒿素药物“科泰新”之后，母女平安。后来，母亲感激地用“科泰新”给新生女儿取了名字。

实际上，由于“科泰新”高效、速效、低毒的特点，在很长一段时间里，它是中国国家领导人出访非洲必送的礼物，在当地甚至被叫作“中国神药”。根据世界卫生组织的统计，自 2000 年起，撒哈拉以南非洲地区约 2.4 亿人受益于青蒿素联合疗法，约 150 万人因该疗法躲过了疟疾招来的死神。

关于青蒿素及其衍生物的重要作用不胜枚举，这些为屠呦呦和她的团队带来了越来越多关注和国际大奖。

屠呦呦所获荣誉

2011 年：葛兰素史克科学杰出成就奖

2011 年：拉斯克奖临床医学奖

2011 年：中国中医科学院杰出贡献奖

2012 年：中国全国三八红旗手标兵

2015 年：哈佛大学医学院华伦 · 阿尔波特奖

2015 年：诺贝尔生理学或医学奖

2011 年 9 月，屠呦呦和她的团队“因为发现青蒿素——一种用于治疗疟疾的药物，挽救了全球，特别是发展中国家的数百万人的生命”，获得了当年度的拉斯克奖。拉斯克奖在生物医学领域中是仅次于诺贝尔奖的一项大奖，旨在表彰在医学领域做出突出贡献的科学家、医生和公共服务人员。

“青蒿素这一高效抗疟药的发现归因于屠呦呦及其团队的洞察力、视野和顽强信念，为世界提供了过去半个世纪里最重要的药物干预方案。”斯坦福大学教授、拉斯克奖评审委员会成员露西 · 夏皮罗在讲述青蒿素发现的意义时说。

很多获奖者在之后拿到了诺贝尔奖，因此拉斯克奖也被称为“诺贝尔奖风向标”。当时有很多主流媒体对屠呦呦进行了大篇幅报道，她也因为这一次得奖，从默默无闻的科研工作者变成了公众人物。

在 2011 年之前，这座拉斯克奖杯是屠呦呦以及中国生物医学界获得的世界最高等级奖项，这份荣誉的巨大可想而知。屠呦呦在获奖感言中异常认真地表示："这是中医中药走向世界的一项荣誉，它属于科研团队中的每一个人，属于中国科学家群体。"

2015 年 10 月 5 日，屠呦呦荣获诺贝尔医学奖。诺贝尔奖评选委员会用"价值无法估量"来评价这一获奖成果："由寄生虫引发的疾病困扰了人类几千年，构成重大的全球性健康问题。屠呦呦发现的青蒿素应用在治疗中，使疟疾患者的死亡率显著降低……今年的获奖者们均研究出了治疗'一些最具伤害性的寄生虫病的革命性疗法'，这两项获奖成果为每年数百万感染相关疾病的人们提供了'强有力的治疗新方式'，在改善人类健康和减少患者病痛方面的成果无法估量。"

对于屠呦呦而言，和诺贝尔奖一起到来的还有全社会的赞誉。国务院总理李克强、国务院副总理刘延东、全国妇联主席沈跃跃，还有多个国家权威机构，等等，都对屠呦呦获奖表示了祝贺。

北京时间 2015 年 12 月 7 日晚，屠呦呦在瑞典发表了题为《青蒿素的发现——中国传统医学对世界的礼物》的演讲。这份必将留存青史的演讲约 3500 字，屠呦呦用大量篇幅讲述了"团队精神"的重要性，并在开篇即表示："这不仅是授予我个人的荣誉，也是对全体中国科学家团队的嘉奖和鼓励。"

屠呦呦在瑞典诺贝尔大厅有关“团队精神”的演讲

团队精神，无私合作加速科学发现转化成有效药物。今天，我再次衷心感谢当年从事“523”抗疟研究的中医科学院团队全体成员，铭记他们在青蒿素研究、发现与应用中的积极投入与突出贡献。感谢全国“523”项目单位的通力协作，包括山东省中药研究所、云南省药物研究所、中国科学院生物物理所、中国科学院上海有机所、广州中医药大学以及军事医学科学院等，我衷心祝贺协作单位同行们所取得的多方面成果，以及对疟疾患者的热诚服务。对于全国“523”办公室在组织抗疟项目中的不懈努力，在此表示诚挚的敬意。没有大家无私合作的团队精神，我们不可能在短期内将青蒿素贡献给世界。

在《屠呦呦传》一书中，有相当大的篇幅都在讲为研制青蒿素举国协作的故事。药物的研创，要经历选题立项、确立技术路线、药材选取、提取化合物、药理毒理分析、临床研究等多个阶段，是一项漫长且庞大的系统工程。

“523”项目的确立及发展刚好是在“文化大革命”时期，各种困难叠加的情况下，1967 年项目启动时有六十多个科研单位、五百多名科研人员加入。1978 年 11 月，在扬州召开青蒿鉴定会时，主要研究单位就列了 6 家，主要协作单位竟多达 39 家，参加鉴定会的人员更是超过 100 人。从数字上看，青蒿素的研创是举全国科技之力的一项国家工程。

举个例子，四十多年前，即使中医研究院中药所是国家级研究所，也缺乏先进的仪器设备。在当时，上海有机所是当时全国化学研究条件最好的研究所。为了确定青蒿素的化学结构图，中药所和上海有机所合作了两年多，但始终没有能够确定青蒿素的结构。之后，中国科学院生物物理研究所介入，采用更为先进的 X 线晶体衍射技术才最终确定。

这些研究人员还有名垂青史的可能，在青蒿素的研究过程中，其实有更多的参与者是无私、无名地奉献。在“523”项目中，有雷氏按蚊的饲养与繁殖研究任务，当时承接这一任务的是上海的科研单位。同一时期，国际上开展的按蚊交配繁殖研究，都要求有恒温恒湿的椭圆形饲养室等较高科研条件。我们国内的研究员没有这些条件，他们是怎么做的呢？在狭小闷热的饲养室里面，他们长期用自己的双手供蚊子吸血，最终成功培育出试验用的蚊子。

上海第二制药厂当时接到的任务是研制某种气味趋避剂，需要开展模拟使用观察。当时 26 位解放军战士自愿参加，他们在双脚脚踝和枪带上固定趋避剂后，晚上俯卧在蚊虫密集的河滩草地里，然后统计被蚊虫叮咬的次数，验证驱蚊效果。正是这些无名英雄，为青蒿素的“千里之功”积累跬步，才能有最后的辉煌。

读到这些四十多年前发生的故事，除了对当时人们的奉献精神感到钦佩，我还品味出了更宝贵的品格——淡泊名利。在环境艰难的岁月，每个人肝脑涂地地为公共事业奋斗，从不计较个人得失。代表所有人获得殊荣的屠呦呦面对荣誉表现出的淡定，源自于那一辈人的无私，他们不会居功自傲。自然耕种，坦然且冷静地面对荣誉，再将人民的归人民。

发出这样的感慨，源自于我对现在社会中利己主义的观察。诚然，科技高速发展，改革开放的理念越来越深入人心，一个个科技神话、资本神话、超级明星横空出世。这里面，真才实干的有多少，做戏、浮夸的有多少；仅靠自己努力的有多少，占有他人成果，甚至“一将功成万骨枯”的又有多少。从这一点来看，屠呦呦和与她并肩作战的无名英雄们是当代人永恒的榜样。

人生的价值何在?

2005 年，屠呦呦的家从北京三里屯搬到了朝阳区金台路附近一个小区中的一栋高楼。按北京人的说法，这是一套三室两厅格局的房子。房子的视野较开阔，不仅采光较好，从客厅向外望去，中央电视台新址、人民日报社等北京新地标也皆入眼中。这是丈夫李廷钊的决定，他本人把这次换房当作晚年的得意之作。

2015 年，屠呦呦获得诺贝尔奖的奖金是 46 万美元。按照人民币兑美元汇率，以及北京房产价格，这笔钱甚至不及金台路三室两厅房价的一半。很多人在热烈庆祝屠呦呦获奖的同时，开始为科学家鸣不平。期间，将屠呦呦的诺奖奖金与煤老板7000万嫁女，以及明星天价出场费等作对比。

“每个人的眼光是不同的，每个人的需求也是不同的，社会更是多元的。因此社会的价值观也应该是多元的。如果你认为屠呦呦获得的金钱回报太少，那只能说明你对事物价值判断的标准只有一个‘钱’字。”著名时评人周小平评价。

我承认，确实有些人把赚钱当作自己的兴趣和事业，在获取财富，而不是挥霍财富的过程中获得成就感和快乐，但大多数人其实只是金钱的奴隶。他们痛苦且空虚地做着自己不喜欢的工作，又不知道如何开解痛苦，因为他们没有奋斗目标，找不到自我价值的实现途径。

想想看我在前文提到的屠呦呦，她对中医药学的专注，对事业的勇往直前即人生价值最好的实现渠道。在这个过程中的每时每刻，她都是无怨无悔的。做一个极端假设，如果今日公众对屠呦呦的评价是极端负面，我想她也不会有什么过激的表现。“无苔之树，不可参天。参天之树，必有虫蚁。”一个内心充实、强大的人是无坚不摧的。

“一个有自我追求的人是幸运的，一生都会无比充实和快乐，随时随地充满乐观和斗志。而一个没有自我追求的人是悲哀的，即便金玉满堂夜夜笙歌也填不满痛苦和空虚。”周小平说。

如果一定要谈钱，我认为不在多，也不能少，刚刚够用最合适。有屋可住，有车可行，有余额供正常花销就够了。多余的钱反而会招来麻烦，甚至祸端。

另外，和专注于皮囊的人相比，屠呦呦这些科学家更看重知识的收获和对人类的贡献，而后者才是时间的宠儿。中国有句老话叫“自古美人如名将，不许人间见白头”。当一张张浮夸、自欺欺人的脸忙着打针、整容的时候，科学家在满鬓风霜中将头脑发挥至极致，收获人类文明的无上宝藏，曾经花费的每一分每一秒都是与上帝的等价交换，甚至加倍收获。当红颜终成枯骨，科学家们会和他们的成就名垂青史。

谈人的价值，不能孤立地只讲个体的感受。我们都是群体动物，作为集体中的一员，享受社会进步的整体红利之时，也有自身价值之于社会的意义。屠呦呦和她的团队对人类的贡献，我前文已经说了很多，这里不再赘述。我更想说的是屠呦呦对国家和社会的理解以及责任感，这一点是如今的年轻人普遍缺失的。

屠呦呦有深深的爱国情怀。“对于屠呦呦，只要是国家需要，她都会尽自己的所有努力去完成、去拼搏。对祖国的挚爱是她心中最珍爱的东西。”《屠呦呦传》里写道。

屠呦呦育有两个女儿，但为了能承担起青蒿素研究的任务，她只能错过两个女儿的成长。小女儿李军生于1968年9月，而屠呦呦在1969年1月就全身心地投入了“523”任务。“交给你任务，当时对我们来说就要努力工作，把国家任务完成。只要有任务，孩子一扔，就走了。”屠呦呦在评述“牺牲小家，顾全大家”时说。大女儿在还不到四岁时就送去了托儿所全托班，小女儿一直在宁波老家由老人照顾。三四年才能有一次母女相会，以至于“大女儿接回来的时候不愿意叫爸妈”，小女儿三岁多才第一次对母亲有清晰的印象。

1972年屠呦呦选择以身试药，对这样的行为清华大学副校长施一公说：“科学家用自己来做实验，这是一种献身精神。”我认为，无论是那个时候，还是现今社会，都需要这种精神。只有当人的心中有集体，才能在更高的平台上设定人生价值，在勇往直前的路上汲取集体给予的帮助，之后在个人层面和集体层面实现价值最大化。这种价值最终反哺给个人的是心灵上的平静，也就是古人说的“不以物喜，不以己悲”，这是至高无上的人生境界。

淡泊名利，屠呦呦只执着于对中草药的研究，并于2009年编写出版了《青蒿及青蒿素类药物》一书。两年之后，屠呦呦因拉斯克奖成名，面对采访的媒体，她始终说“有这本书就够了”。“作为科学家，她只愿意用这本260页厚的学术著作来与世界对话，对于更多其他的，她似乎无话可说。”《屠呦呦传》中叙述。

结语

雷风，恒。君子以立不易方。——《恒卦·象传》

《恒卦·象传》说，雷与风相互配合，就是恒卦。君子由此领悟，立身处世要不改变自己的正道。

“雷风”为“恒”，是说“雷”在天上而“风”在地上，这种自然运行的规律是亘古持久的。并且，这种状态不是静止的恒久，而是永无止息的；是动的，而非静的。君子从中认识到，为人处世也应该恒于正道。

恒在此有两种含义：首先，恒久不易，意即坚守正道，绝不动摇；其次，恒久不已，意即坚持不懈，奋斗不已。

《恒卦》告诉我们，只要我们的目标和梦想是正确的，符合人间正道，就应该毫不动摇地去坚持，持之以恒地去追求。恒之道贵久。

其中的道理显而易见，然而能用一生去实践的人却少之又少。伟人不见得比普通人拥有更多的智慧和运气，但一定要比芸芸众生有更坚定的意志，能抵制更多的诱惑，付出更多的辛苦。

明朝的医药学家李时珍用了近三十年的时间编成了被誉为“东方药物巨典”的医学巨著《本草纲目》；马克思花费了40年的心血，用毕生精力著成了《资本论》这部马克思主义的百科全书；居里夫妇整整花了45个月的时间，经过几万次的提炼，才获得了10克纯镭，为人类作出了巨大的贡献。

纵观古今中外的成功人士，他们的人生经历都向我们昭示了持之以恒的重要性。西方哲学家叔本华曾说：“意志决定一切。”坚守正道，持之以恒，脚踏实地而非急功近利，屠呦呦和她的团队正是凭借这样坚定的意志和信念，才最终赢得了全世界的认可，获得了诺贝尔奖这项殊荣。

“宝剑锋从磨砺出，梅花香自苦寒来。”我们想要追求自己的梦想，就要做好准备去迎接各种困难和挑战，在实践中打磨自己，提高自己。通往成功的道路从不是一条坦途，不经过磨炼和失败，一帆风顺地走向成功是不可能的，即使暂时取得了一点成绩，也不可能坚持长久。《恒卦》给我们的启示就是坚持不懈的努力，这种努力永无止息。

（注：本文细节参考由人民出版社 2015 年 12 月出版的《屠呦呦传》）

齐家篇

第四章

为什么『富二代』们总在惹是生非

当我问身边一些功成名就的朋友，“你的愿望是什么”时，很多人的答案都和下一代有关，希望他们站在自己搭建的平台上获得更开阔的视野和眼界，青出于蓝而胜于蓝；而整个家族也能因此，长江后浪推前浪，一代更比一代强。

我相信这个问题和答案在更大的范围内都具有普遍性。自古以来，天下做父母的，不管是老百姓还是达官贵人，甚至帝王将相，都会倾己所能搭建培养后代成长的平台。特别是现在，改革开放、观念转变、科技发展等契机让越来越多的人在短时间内成为“富一代”“星一代”……总之，口袋鼓起来的人越来越多。与此同时，这个时代特有的有利因素（特别是互联网）也为“二代”们（年纪轻轻可支配大量财富和资源，统称为“富二代”）提供了一个了解世界，也让世界了解自己的宽广平台。

那么，更好的条件是不是能提升“富一代”们望子成龙的几率？很遗憾，我不这么认为。比从前更优渥的条件和社会光环，也比从前更容易制造出纨绔子弟。2010 年，“我爸是李刚”一经问世，就成了这个时代一种“你懂，我懂，大家懂”的潜台词；更早之前的 2007 年 8 月，教育部公布了 171 个汉语新词，炫富就是其中之一，意思被解读为展示、炫耀财富，比如用百十辆豪华车队迎接一只百万元级别的动物。

更令人不安的是，“富二代”们炫耀、惹是生非的行为尽管被主流意识判定为“错”，但他们仍然在公共场合以及网络上乐此不疲，仿佛只有在金钱和权力上“碾压”其他人才能获得人生的满足；而在大众口诛笔伐的大军中，还夹杂着一部分低龄人群对“富二代”先天优势和荒唐行为的羡慕，对金钱盲目地崇拜，且人数越来越多。2010 年，相亲节目《非诚勿扰》中一句“宁愿坐在宝马车里哭，也不愿坐在自行车后笑”，不啻为扇向社会的耳光。

当社会未来的接班人（包括“富二代”和所有普通青少年）在形成三观的关键时期，对炫耀、惹是生非、拜金等持有欣喜、暧昧、羡慕的心态，我认为这无异于给整个社会的未来发展埋下一颗可怕的定时炸弹。所谓“垮掉的一代”，这绝不是危言耸听。

如何解决这个棘手的问题？我认为釜底抽薪的办法是深刻理解“富二代”炫富的本质和解决之道，当舆论的“爆点”偃旗息鼓，甚至“改邪归正”，那么由其掀起的蝴蝶效应也能朝着正能量的方向转变。

富贵而骄，自遗其咎

老子《道德经》中有一句话叫作“富贵而骄，自遗其咎”。白话文的意思是：富贵者要傲慢娇纵，就是给自己种下祸根。话是金玉良言，但做起来却是非常难的。很多靠自己实力打拼出来的富豪、官员尚且控制不住炫耀和跋扈的冲动，要求受父辈庇荫长大的“富二代”们锦衣夜行，绝对是难上加难。

一位现代的学者曾直接断言：“这是一个炫富的时代。”2011年前后，随着互联网自媒体的爆发，让一个个“富二代”的荒唐故事原形毕露在大众面前。

将“炫富”深深刻入国人神经的人非郭美美莫属。2011年6月，20岁的女孩郭美玲在微博上以“郭美美 baby”的名字，大肆炫耀“住大别墅，开玛莎拉蒂”，而认证身份是“中国红十字会商业总经理”。作为人道主义工作的社会救助团体，红十字会的立身根本是捐助者对它的信任，而郭美美的一番炫富，无疑毁了比黄金还宝贵的信任。

2011年夏天，郭美美事件的影响随着时间的推移非但没有淡化，反而发酵出更加深远的影响。尽管事件爆发后几日中国红十字会、新浪微博、警方以及郭美美多方辟谣，指出郭美美与红十字会并没有任何关系，但在中国红十字会随后组织的多次捐款活动中都产生了信任危机。民政部统计数据显示，2011年全国7月份社会捐款数为5亿元，和6月相比降幅超过50%；慈善组织2011年6月—8月接收的捐赠数额降幅更是达到 86.6%。

与此同时，中国社会对年轻人炫富的心态又有了普遍的全新理解——不以为耻，反以为荣，反过来加深了整个社会对贫富差距和各种不公的忧虑。而在大洋彼岸的外国媒体，也连篇累牍地报道着郭美美事件对中国社会的震动。

郭美美财富的根源——“干爹”王军（中红博爱资产管理有限公司首席执行官翁涛曾在微博上表示，他的朋友王军拥有中红博爱大股东深圳物华公司10%的股份）被网友戏称为“四大名爹”之一，无论他是否有资格给予郭美美“红十字会商业总经理”的身份，其切实给予郭美美的奢靡生活将这个20岁女孩的虚荣无限放大，终至不可收拾的地步。

让人遗憾的是，郭美美在经受舆论的洗礼之后并没有变得“懂事”，反而变本加厉。2013年4月，郭美美在微博上与“富二代”隔空互掐：先是郭美美晒出500万赌场筹码，对方“富二代”晒出银行卡里有37亿余额。在两相幼稚的攀比中，代表社会大多数的老百姓反而是最受伤的：“数了好几遍，哀叹我辈升斗小民果然不知贫富差距如今已经这么大了”，其中对社会贫富差距的哀叹可见一斑。

郭美美自编自导自演的闹剧一直持续到2014年7月，巴西世界杯期间，北京警方抓获正在参与网络赌球的郭美美，后者对网络赌球供认不讳。2015年9月，北京市东城区人民法院公开审理郭美美、赵晓来涉嫌开设赌场案。最终，郭美美犯开设赌场罪，判处有期徒刑5年，并处罚金人民币5万元。直至入狱，郭美美也不过只有 24 岁。一个爱慕虚荣的年轻女孩在金钱的旋涡中不仅丢了自己，也让民众对现今社会的弊端看得个淋漓尽致，唏嘘不已。

将“坑爹”彻底推向极致的是河北大学生李启铭。2010 年 10 月 16 日晚，李启铭醉酒驾驶“冀 FWE420”牌照黑色大众迈腾轿车，在河北大学宿舍区超市门口撞倒两名女生，被撞者均为商学院大一新生，最终一死一重伤。而肇事后的李启铭非但不停车施救，反而继续前往校内宿舍送女友。

两天后，描述这一事件的网帖在互联网世界掀起轩然大波。帖子称：“当时车速很快，时速大约 80 ～ 100 公里。被撞女生被撞飞，而且这辆车撞人后并没有减速，后轮竟从一名女生的身上碾过。”“在撞到人后，他竟然继续行进，想从大门口逃跑，后被学生及保安拦下。下车后，肇事者未表现出丝毫的歉意，他竟然说：‘看把我（的）车（给）刮的！你知道我爸是谁吗？我爸是李刚！有本事你们告去！’”在关键时刻起到“丹书铁券”作用的李刚是谁？河北省保定市某公安分局副局长。

从这个北方秋天的晚上开始，“我爸是李刚”事件逐渐演变成这个时代永远无法洗脱的耻辱。除了肇事者李启铭的嚣张跋扈，所在大学对事件的遮掩也发人深省。有河北大学的学生私底下告诉著名记者王克勤：“现在学校不让我们说这件事情，所以目击者很难找。因为他们一旦向记者透漏什么事情，学校知道后肯定会对这些学生做出处分的，谁都会害怕，所以学校里的目击者都只能什么也不说。”两个月后的一晚，“河大飙车案”

中被撞身亡的陈晓凤的辩护律师张凯在北京主干道上行车时，遭到三辆车十多人的袭击，好在最终没有人员受伤。

2011 年 1 月 30 日，河北省望都县人民法院对本案作出一审宣判，认定李启铭醉酒驾驶，致 1 人死亡 1 人受伤，肇事后逃逸构成交通肇事罪。“法庭鉴于李启铭家属积极赔偿死者 46 万元，伤者 9.1 万元，取得对方谅解，酌情从轻处罚，判处犯罪嫌疑人李启铭有期徒刑 6 年。”

李启铭的刑期有终止的一天，但他留下的千古名句“我爸是李刚”成了扎在大众心中的一根刺。和“富二代”炫富不同的是，地方“官二代”李启铭炫耀的是父亲的公权力，虽然不是真金白银，但其在特殊时刻换算出来的价值远超黄白之物。这起事件的爆发，不啻为在胡作非为的“官二代”和“官一代”的头上加上紧箍咒。外国媒体也纷纷报道，《纽约时报》网站发表评论说：“李刚事件在某种意义上说明了中国一些政府的强权意识，但另一方面，媒体、舆论还是使得李启铭被审查，最终产生了相对公正的审判。”

“富二代”们为什么总惹是生非？《人民日报》的一篇评论让我印象非常深刻：孩子（“富二代”）们大多不曾经历父辈成功前的艰苦打拼，倘若只展示“成功效应”，恐怕孩子就会误以为，享受“最好”是天经地义、拥有“机会”是顺理成章、有个“好爹”就万事不愁、遇到批评就斥“代沟”“过时”。没有要不到的东西，没有摆不平的事情，势必会把父亲大名当成嚣张通行证，把炫耀财富视为理直气壮，把无视法律看作勇敢者行动，以致做出种种伤天害理之事，并最终只能害己。而倘若父辈在财富聚敛的过程中有不道德、不正义的成分，在权力的运行中存在违规、犯法，这样的“言传身教”，后果则更加危险。

养不教，父之过

“养不教，父之过”，这是《三字经》中经久不衰的哲理，说的是对孩子只养育，不教育是父辈的过错。而我认为，家庭教育的缺失或者错误就是造就“富二代”荒唐行为的罪魁祸首之一。

西方人看到一个小孩，大多会问：“你叫什么名字？”中国人多数不会这样，因为在我们看来，一个小孩子叫什么名字并不是很重要。我们一般会问：“你爸爸是谁？”我们为什么关心孩子的爸爸是谁？问这种话的动机是因为“势利眼”，要根据爸爸是谁来决定对待孩子的态度吗？不全是。

西方人的家庭，是由血缘关系进入短暂性的亲情关系，所以个人主义盛行，知道孩子叫什么就好了，没必要去管他爸爸是谁。而中国人的家庭，由血缘关系进入亲情关系还不够，还必须建立伦理关系，因而家教和家风十分重要。所以我们觉得，由家族来认识家庭，由父母来了解子女，比较方便且准确。

一个人小时候的成长环境和家庭教育，对他一生都会有十分深刻的影响。我们中国人骂一个人，只会骂他没有家教，从来不会骂他没有接受良好的学校教育。可见，学校教育是教人才能和学识的，而一个人的基本修养，要由家庭负责。

就在我写本文的时候，发生在美国的一起中国留学生虐待同胞事件公布了最终审判结果。2015 年 3 月 30 日，在美国加利福尼亚州读高中的两名中国女留学生，因为男女“争风吃醋”的琐事，遭到同为中国留学生的十多名学生虐待，虐待的内容包括扒光衣服、用烟头烫伤乳头、强迫其吃沙子、逼他们吃被剃掉的头发等，折磨虐待的过程长达七个小时。随后，受害者刘某在当地报警，经过警方调查之后，此案提起公诉。

能够将孩子送去美国读高中，父母至少在财富和世界观上属于中产阶级。但在这起案件中，我遗憾地看到，在美国司法部门对案件进行审理的过程中，六名被告留学生当中的一名学生家长竟然“因涉嫌贿赂证人被抓”。

不教导孩子“不以善小而不为，不以恶小而为之”，却让他们养成暴虐的性格，这是第一大错；在孩子犯了错误，接受教训的过程中（据被告人律师说，施虐者中的两人被捕后第一次出庭时完全懵掉了，他们没想到自己竟然闯了一个美国法律有可能判决“终身监禁”的大祸），家长竟然以身试法企图“花钱摆平”，干预司法公正，这是第二大错。

如果美国司法部门对这种行为姑息，那么犯错的孩子就会认为“自己犯多大错都可以用钱摆平”，在欺凌同学的错误之上再增加新的错误认知。如此错上加错的家庭教育，会培养出什么样的后代，他们会对社会产生怎样的伤害？

在这起案件中，十余名施虐者共受到 6 项绑架指控、2 项折磨虐待指控和 4 项人身侵害指控，累计 12 项罪名，其中 6 项是重罪。案件最后的审判结果是：三名主要涉案成年人以绑架、殴打罪名分别获刑 6 年、10 年以及 13 年；三人刑期结束后将被驱逐出美国。

“教育的失败，对孩子来说，是极端不负责；对家庭来说，将带来悲剧；对社会来说，不仅有损公共形象，还易引发群体对立——诸多‘坑爹’个案之所以升级为社会热点，就与其中夹杂身份、暴力、嚣张等元素有关。更何况，他们所处的时代，还需要纾解阶层分化的心结、搭建社会信任的桥梁。”《人民日报》的评论用来解释很多“富二代”引发的社会事件，都非常有洞见。

那么，孩子的成长到底需要什么？父母在培养价值观、树立是非观、增强道德感方面到底应该怎么做呢？美国心理学家戴维 · 埃尔金德说：“孩子们最需要知道的是，他们对父母很重要，永远都被爱围绕。”

遗憾的是，中国家长目前最常见的“爱的表达”是：放任自流，或以“填鸭”的方式，逼着孩子没日没夜地补习功课、学跳舞、学钢琴……对孩子的教育热情达到了空前的高度，但这些所谓的教育仅仅体现在技能、特长等方面，仅用一张成绩单量化地决定孩子的“教育程度”。而在最重要的品格等方面，很多家庭的教育却是不够的。

更荒唐的是，有人把“升官发财”“唯利是图”当作基因，家长在自己日常的言行举止中传播“为富不仁”，导致孩子也形成以自我为中心、自私自利、不讲公道等错误的三观，最终结果是什么？就是炫富、坑爹……惹是生非。

中国人常说“富不过三代”，指的是“富一代”“官一代”们只知道给子孙留下金钱，或者赚钱的“歪招”，导致后人在错误的观念下“为富不仁”，甚至沾染上恶习。大家想想看，人是群体动物，中国人更是讲究人际关系，如果一个人做人做到大家都不愿意和他有接触，那么他要如何谋生呢？金山银山也只会坐吃山空。

与之相反，我想举一个美国第一家庭的例子，奥马巴一家的教育理念是留下德行，而不是财富。美国总统的工作量大家可想而知，但是奥巴马无论工作压力有多大，都会尽量与妻女共进晚餐；如果出差在外，他每晚都会给女儿打电话，让她们知道父母从没有将她们遗忘。即使在长达 21 个月的总统竞选期间，他也亲自出席两个女儿的每一次家长会。第一夫人米歇尔同样如此，她无论工作多么繁忙，都会挤出时间打理家务，每天抽出时间和孩子一起玩耍；为了了解女儿在学校的表现，和老师保持联络。无论是大女儿的舞会，还是小女儿的篮球赛，这对第一夫妇都尽量参加。

如何防止爱变成溺爱？奥巴马一家的规矩是“守规矩但适当通融”，两个女儿可以做她们喜欢做的事，但不能越界。比如，她们可以使用 iPod 音乐播放器、照相机和电脑，但不能违反学校规定把手机带到课堂。

如此培养出的节制和责任感，可以衍生出更高等级的礼仪——尊重他人，不能将自己的利益凌驾于他人之上。美国家庭心理学家约翰·罗斯蒙德说："许多父母不重视孩子的礼仪。学习礼仪可以让孩子关注他人，看他们是否需要帮助。在这个过程中，孩子学会尊重他人，这是良好品德的核心。"我在一些报道中看到，奥巴马夫妇一直教育女儿要心中有他人。在父母的指导下，两个女孩志愿帮助穷人，并选择以尊重他人、社区服务为教学理念的希德威尔友谊学校就读。

西方名门贵族教子方法精选

帮助孩子培养遵守时间的好习惯。

父母要经常向孩子讲述他在事业上所发生的故事。

每周日早晨与孩子们一起散步，吃饭时要形成一种自然和谐的讨论氛围。

让孩子进入名牌大学和跨国公司进行学习，使之获得最好的人脉关系以及开阔的眼界。

让孩子明白起初的笨拙与不适应将会通过反复努力而变得熟能生巧的道理。

告诉孩子要树立远大的目标，但切勿急躁，必须循序渐进才能取得成功的道理。

父母与兄弟姐妹之间要形成一种和睦相处、互相帮助的良好家庭氛围。

取之于社会，用之于社会。

弟弟接着穿哥哥穿过的衣服，从而养成俭朴的生活作风，富家子弟也不可娇生惯养。

做事不能鲁莽，避免锋芒毕露的行为。

爷爷作为孙子的人生导师，传授智慧和经验（隔代教育）。

留给孩子巨额资产势必阻碍他成为创意型人才。

通过阅读报纸，拓宽视野。

机会来临时，毫不犹豫地迎接挑战。

经年累积的经验将成为日后创业的基础。

即使夫妻二人都是上班族，也应该重视与孩子建立互相依赖的关系。

让子女自觉培养自立意识。

在探求学问中寻找互相有默契的配偶。

时刻营造书香气息浓厚、充满欢快的家庭气氛。

创建可以世代相传的家业或家学。

当孩子无法适应学校生活时，寻找积极的对策。

将钱包交给孩子，对他进行经济教育。

让孩子每天通过写日记反省一天的行为。

享受自由的同时，履行应尽的义务和责任。

实际上，即使是美国的中产阶级，甚至社会底层人士在家庭教育以及观念传承方面也是非常用心的。我曾经在一篇很棒的文章中看到过一句对比中美两国价值观的话：“相较于用奢侈品来往自己身上贴金的中国人，美国人则更愿意把钱投入维系家人情感以及家庭基础建设上。”

举个例子，美国人不懂“面子”为何物。中产阶级在参加派对时会选择 CK 等中档品牌的礼服，以符合自己的阶级身份，理由是“山鸡不会因为背上插了几根五彩斑斓的羽毛就变成孔雀”。其实，美国人也不是不喜欢高端品牌，但奢侈品的消费者大多只限定在固定人群，比如企业金领、时尚界人士、演艺明星、职业运动员等。为了满足所谓的虚荣心，花几个月的薪水买一双 LV 的鞋子，或者在价钱一样的大牌和普通品牌围巾中挑选性价比低的前者，在美国都绝对是“非主流”。

成年人的这种行事作风在潜移默化中会传授给自己的后代。中产家庭的孩子会很认真地在超市里挑选打折的牛仔裤，因为这些青少年认为“父母并不是什么有钱人，即便穿上不打折的新款牛仔裤也变不成‘富二代’。”而且，大多数美国孩子在 18 岁之后就要赚钱养活自己，那时就更没有什么钱买名牌货，所以一直对物质保持冷静的心态很重要。

这种价值观在美国的中下阶层同样如此。小时工会把辛苦攒下来的钱用来为家里添置高档冰箱，而不愿意为自己添置服装。“和装扮我自己相比，我更愿意花钱为家人做一些事情。对于我来说，能让老公在下班后痛快地喝上冰镇啤酒，让放学的孩子们吃到可口的冰淇淋，这是天底下最幸福的事。”

很多人都认为美国人的亲情观念淡薄，家庭概念也不太强，可事实上美国人非常重视与家人的感情联络，而这种无声无息的家庭教育至关重要。

他山之石，可以攻玉。奥马巴家族等西方家庭教育理念有很多可取之处，但其实，在我们悠久的传统文化中，也蕴涵着很多类似的教育理念，只是在历史长河和社会变迁中被雨打风吹去。

那么，要如何重拾并且延续中国家庭的教育理念呢？我认为，答案是树立家风。

如何破解“富不过三代”的魔咒？

家风，也称门风，是一个家庭或家族里的行为准则，体现在父辈们身体力行和言传身教中，亦反映一个家庭或家族行为处事的风格和特点，是其在社会上立足发展之本。

曾仕强老师在讲解《易经》时曾经说，《易经》中有一个卦叫作家人卦，风火家人，上卦是风，下卦是火。火越旺的时候，上面的风就吹得越厉害。上面的风吹得越猛，底下的火就越旺，这表示家和万事兴。上面的人做好榜样，下面的人就愿意去学习。中国人了不起的一句话就是：生为陈家人，死为陈家鬼。这在全世界都找不到。既然投到这个家庭，就要照这个家庭的家风去做人做事，不可以破坏、违背。在这种情况之下，家庭成员上下一团和气，同心协力，才能共同把家道振兴起来。

中国人讲究薪火相传，说的就是以家庭为单位，将优秀的品德传递下去。最近几年，习近平总书记多次强调：“中华民族自古以来就重视家庭、重视亲情。家和万事兴、天伦之乐、尊老爱幼、贤妻良母、相夫教子、勤俭持家等，都体现了中国人的这种观念……家庭是社会的基本细胞，是人生的第一所学校。不论时代发生多大变化，不论生活格局发生多大变化，我们都要重视家庭建设，注重家庭、注重家教、注重家风，发扬光大中华民族传统家庭美德，促进家庭和睦，促进亲人相亲相爱，促进下一代健康成长，促进老年人老有所养，使千千万万个家庭成为国家发展、民族进步、社会和谐的重要基点。”

《周易·文言》里说：积善之家，必有余庆。积不善之家，必有余殃。曾仕强老师曾经说过：“全世界所有的民族中，我们中国人大概是最重视家庭的。这一点到今天为止仍然没有变，也是我们中华文化能够这么悠久并且不会中断的一个主要原因。家庭要怎样？是要富有吗？不是，家庭要美满。美满就是有自己的状况，有自己的生存之道。一个家庭最重要的就是家风，是家传的一些不可改变的原则。”

如何成为积善之家？我举个例子来说明。就是我们非常熟悉的曾国藩家族。

曾国藩作为晚清重臣，也是中国近代史上最有影响力的人物之一。曾国藩之所以有如斯成就，和他的人生智慧密不可分，修身、齐家、治国皆非常出色。曾国藩从小寒窗数十年，备受艰辛，深知功名、家业来之不易。他目睹那些达官显宦家庭的官二代们，不是饱食终日无所事事，就是挥霍浪费、吃喝嫖赌，最终家业荡然无存，为此深为忧虑不安。于是，他教育子弟，首先就从做人开始。

曾国藩是如何教育家族子弟的呢？尽管是清廷的风云人物，

但曾国藩从不依势欺人，而在教导子弟的时候，更是要求他们远离骄奢淫逸，称“骄逸”二字“皆败家之道也”，“是万恶之源”“由骄而奢而淫而逸，以至于无恶不作”。为此，曾国藩提出了教子的“六字诀”：“勤、孝、俭、仁、恒、谦。”

我认为，曾国藩之所以有如此修为，除了自身努力，他的家族长辈也功不可没。曾国藩最敬佩的人之一，同时也是成就他的人是祖父曾玉屏。曾玉屏宅心仁厚，在家乡经常救难济急，而且善于调解他人之间的矛盾。而曾国藩的祖母则是一个恪守传统孝道的妇女，专心致力于事夫教子，不与妯娌们争利。

曾国藩写给祖父的家书

伏念祖父平日积德累仁，救难济急，孙所知者，已难指数。如廖品一之孤、上莲叔之妻、彭定五之子、福益叔祖之母及小罗巷、樟树堂各庵，皆代为筹画，曲加矜恤。凡他人所束手无策、计无复之者，得祖父善为调停，旋乾转坤，无不立即解危。

在这样的家庭氛围中，曾国藩的父亲曾麟书首先打破了曾家几百年无秀才的局面，取得湖南湘乡曾氏家族中的第一个秀才。原本生活在僻居穷乡的曾家由此科名大开：曾国藩、曾广钧两个进士，秀才、贡生、举人更是多达二十余人。而曾麟书的五个儿子中，除曾国藩外，四子曾国荃也是晚清重臣，曾受加太子少保，封一等伯爵。他和曾国藩一样，皆担任过两江总督。

曾国藩母亲江氏，为人敦厚，孝敬父母，勤劳贤惠。祖父曾玉屏晚年中风，历时三年，她与丈夫曾麟书轮流守护在身边，端茶送饭，毫无怨言。另外，曾国藩父亲常以“人众家贫为虑”，而江氏则“好作自强之言”相劝。曾国藩从小感受了性格要强的母亲在处理家政、传承家风上的重要作用。

曾国藩考取秀才之后与授业恩师欧阳沧溟之女成婚，妻子欧阳氏在家受父训，读过《幼学》《论语》等书。嫁给曾国藩后，因是曾家长媳，全靠她料理家务，虽不能专心读，却也常忙里偷闲看书识字，能作诗文。一个勤勉好学的母亲，是子女们一生的学习楷模。

曾国藩共有三个儿子、六个女儿（其中一儿一女夭折），八个孙子、四个孙女。截至目前，曾国藩五兄弟的后人在190多年间已经绵延至第八代，有突出成就的人多达240余人，而且没有出过一个纨绔子弟。他们在化学界、教育界、文学界、艺术界、考古界、交通界等多个领域都取得了不凡的成就。比如教育家曾约农、曾宝荪，翻译家曾宝菡，高教部副部长、化学家曾昭抡，考古学家、博物馆学家曾昭燏，湖南广播电视台工程师曾昭棉，湖南大学电机系主任、教授曾昭权，北平交通博物馆主任曾昭亿，原农业部办公厅主任、园艺学家曾宪朴，全国妇联副主席曾宪植，三位中国人民大学教授曾宪楷、曾宪柱、曾宪森，轻工部造纸研究所研究员曾宪榛，出版家曾宪元，画家曾厚熙（宪杰）、导演曾宪涤，等等。

另外，我在阅读时看到过一个对孔子的家训精髓总结，非常有价值，在这里和大家共勉：

虽然生活贫困，但绝不抱怨自己所生存的环境。

即使生活在困境中，母亲依然倾注所有的热情教育子女。

越是伟人，越要自我学习与自我感悟。

失败也绝不气馁，用顽强的挑战精神武装自己。

通过长途旅行考验和锻炼自己。

凡是精明的人都可以成为自己的老师。

结交与自己志同道合的人。

不亲自教授子女，只监督和考察其学习情况。

人性的弱点有时反而会成就一代伟人。

培养勤学好问的学习习惯。

从上面这些出色的家族故事中，我总结出了三条积善之家的相似之处。

第一，家长以身作则，注意自身德行操守，与亲族、友人和睦相处，在潜移默化中教导孩子什么是正直、善良、宽容等中华传统美德。我们身边有很多家长，总是给孩子下任务，要他们读多少书，但自己却没有阅读的习惯，更无法给孩子制造阅读的家庭氛围。还有一些家长在处理人际关系时其实也是不成熟的，抱怨、刻薄、偏见等问题直接暴露在有样学样的孩子面前，错误的言传身教导致孩子在往后的人际关系中犯错误、吃大亏，而良好的人脉关系是古今中外成功的必备条件。这一点我在后面的文章里还会详细说明。

第二，母亲在孩子的教育中发挥着巨大的力量，我们常说“慈母多败儿”，前几年一本《好妈妈胜过好老师》成为畅销书，再加上曾国藩、孔子等家族的教训，以及西方贵族家庭教育中母亲的崇高地位，都说明了一个道理：坚韧、贤德、聪慧的母亲将在孩子性格、三观的塑造过程中扮演着多么重要的角色。

第三，要有家风的理念。我们中国人常说“薪火相传”，一个家族从上往下言传身教，往往会形成一致的理念和价值观，然后再把这些理念往下传承。古有朱子家训，近有曾国藩家书，西方贵族家庭非常重视“隔代教育”，这些都是把自己以及祖辈传下来的理念做个总结，然后传给后人，让家族观念的精华得以延续。曾国藩曾说过，要把培养下一代当作行军打仗来抓。现在很多企业家，尤其是白手起家的“富一代”，他们本身具备在艰难困苦中历练出的很多优秀品质，但遗憾的是，他们很多人总觉得自己吃过的苦不要让孩子再吃，给予大量物质财富，却剥夺了孩子内心成长、学习高尚品格的机会，也使自己的家风断送。

我们常说“十年树木，百年树人”，指的是培育一棵大树用十年的时间精心灌溉；而要想培养出栋梁之才，则要用上百年、三代人的努力，而中间薪火相传的就是家风。曾国藩曾经说过，“做官发财可耻”，把做官得来的金银留给子孙更是“可羞可恨”。子孙若是贤才，不用靠父辈遗产也能自立；如果是不肖子孙，给他多留一分钱，他就会多造一分孽。因此曾国藩发誓“绝不留银钱与后人”。“吾不愿代代得富贵，但愿代代有秀才。”这里说的秀才不是指科举中的仕人，而是德才兼备的栋梁之才。

从曾家之后的家族兴旺可以看出，曾国藩的家风教子是多么成功。所以，拥有一个良好的、世代相传的家风，让家族中的子孙能够身心健康地成长，每一代人都能拥有健全的人格，成功的个人事业、幸福的婚姻家庭就会随之而来，而整个家族也会在代代人才辈出的情况下，更加兴盛，打破“富不过三代”的魔咒。

结语

风自火出，家人。君子以言有物而行有恒。——《家人卦·象传》

《家人卦》的象辞说：本卦上卦为巽，下卦为离，巽为风而离为火。内火外风，风助火势，火助风威，相辅相成，是家人的卦象。君子观此卦象，认识到要注意自己的言行，说话要有根据有内容，行为要有规矩有常法。

为什么以“风自火出”的卦象来比作家庭呢？因为民以食为天，风火就像是家里吃饭的灶，生火煮饭时会产生炊烟。一家人都是住在一起，吃在一起，所以说“风自火出，家人”。

君子通过家人的卦象，由此联想到社会风气自家庭而出的道理，而家风的端正与否，在于每个家庭成员自身的修养，因此对于个人而言，修身养性是关键。《象传》说："君子以言有物而行有恒。"可见，修身主要体现在言、行两个方面。"言有物"，就是说话有事实有根据，要言之有物，不能空泛而论，更不能说假话空话；"行有恒"就是行为要有规矩有常法，遵循正道，没有偏颇，有始有终。

《家人卦》象征着家庭，而家庭是社会的细胞，家庭和谐美满，社会才能安定团结，所以古人从来都是将齐家与治国、平天下联系在一起的，并且认为齐家是治国、平天下的前提和基础，这就是《大学》中说的"所谓治国必先齐其家者，其家不可教，而能教人者，无之"。

那么，怎样才能做到齐家呢？《家人卦》的《彖辞》中说：男主外女主内，男女都能以正道守其位，这就是天地间的大义。一个家庭要有严格的家长主导，那就是父亲和母亲。父要像父，子要像子，兄要像兄，弟要像弟，夫要像夫，妻要像妻，这样家道才能端正了。家庭端正，天下也就安定了。

这一思想在今天仍有借鉴意义。本章中提到的"富二代"之所以总是造成负面的社会影响，除了要谴责他们自身，作为教育他的家庭，特别是父母也有很大的责任。父母汲汲于创造财富，从而忽略了对子女的教育，且无法以身作则，言传身教，那么子女出现问题也就不足为奇了。

中国人是非常注重家庭传承的，对上追求"光宗耀祖"，对下希冀"泽及子孙"，然而这种传承不仅仅是物质财富的层面，更重要的反而是精神财富。物质财富总有消耗殆尽的一天，而精神财富却能流传下去且不断发扬光大。

“富一代”们应该放慢追逐财富的脚步，仔细思考一下。要做治国、平天下这样的大事，首先应从自己的家庭开始，从日常小事做起，从自己的一言一行做起。

第五章

反思『虎妈』『狼爸』：给孩子一个健康的成长环境

我在前面一章讲了养而不教的问题，并给那些富裕却缺乏家庭教育理念的家庭提了些建议。在这一章，我想针对现在社会上出现的“虎妈”“狼爸”现象，谈谈管教过度的问题。

中国独有的“虎妈”“狼爸”

2015 年，电视剧《虎妈猫爸》热播，电视剧本身的情节设置等问题放在一边不谈，单单引发的社会教育问题，就非常值得我们深思。在“幼升小”“小升初”等教育改革的大背景下，电视剧里对孩子“爱之深，责之切”的家长在现实世界中比比皆是。

2011 年，萧百佑因四子女中有三人考上北京大学，而出版《所以，北大兄妹》介绍自己的教育经验。他的教育理念类似于

"棍棒底下出孝子"——"三天一顿打，孩子进北大"。"狼爸"说自己家是最民主的，"萧式民主"倡导的是"孩子们是民，家长是主"。只要是他提出的要求，孩子们必须无条件服从、遵守。"狼爸"还坚持"用最传统、最原始的古老方法来教育自己的孩子"，家里常备藤条和鸡毛掸子，让孩子们从小背《三字经》《弟子规》，背不上来就要揍人；不准孩子看电视，不准自由上网，不准随意开空调；至于零用钱更是没有，因为不能私自购买任何东西；即使拿到压岁钱也得悉数上交，待到念大学时再由父母返还……总之，在萧百佑看来，狼性、管束、棍棒是一种教育文化。

萧百佑的"教子方"一出，立刻引起了社会的热议。众所周知，不光是中国人，全世界的人都想"望子成龙"，但与上一章中"养而不教"相比，"狼爸"的作为是否又矫枉过正了呢？我在这里引用华东师范大学学前教育系副教授、教育心理学博士钱文的一段话："很多家长只看到了棍棒藤条，没有看到四个孩子兄弟姐妹之间形成的学习氛围和互相支持的心理环境，是目前大多数中国独生子女家庭所不具备的。如果缺乏良好心理素质和良好的家庭支持，一些孩子在父母的棍棒下很可能出现自卑、愤怒、焦虑、抑郁，甚至做出自残、自伤、自杀的行为。"而事实也证明了这一点，萧百佑的儿子萧尧曾说过："记忆里，只有一次，毫无顾忌地玩，让我感觉到童年的无忧无虑。真希望这样的生活能在童年里多出现几次。爸爸无疑是成功的，但我们也失去了童年时该有的快乐。"

无独有偶，萧百佑的这种“传统式棍棒教育”还被已经移民的华人在外国土地上实践着。还是在2011年，美籍华人蔡美儿因出版《虎妈战歌》一书，引发中美育儿观念上的激烈纷争。在美国的蔡美儿坚持“中国式教育”，严厉管教两个女儿，要求不许在外过夜；不许参加玩伴聚会；不可以经常看电视或玩电脑游戏；不能选择自己喜欢的课外活动；任何一门功课学习成绩不能低于A……在“虎妈”的严格调教下，“大女儿14岁就在卡内基音乐大厅弹钢琴，小女儿12岁成为耶鲁青年管弦乐团首席小提琴手”。有关“虎妈”和《虎妈战歌》我会在下一章详细说明。

这么看来，出身亚裔精英家庭的蔡美儿和萧百佑的教育理念基本一致——对儿女进行强力管束。这种管束力在一向强调“自由”的美国自然引起轩然大波。该书出版之时，《华尔街日报》《时代》周刊等美国主流媒体纷纷关注“亚洲虎妈”教育观与美国教育观的冲突——“怎么有这样无情的悍母，如此苛待自己的孩子，居然还自鸣得意地写成书！”

无论是身在中国的萧百佑，还是身为耶鲁大学华裔教授的蔡美儿，他们提倡的“棍棒育儿经”在中国、美国社会都引起了口诛笔伐。尽管两人在之后的多个公共场合表示“孩子12岁之后就没有打过”“西式教育太松懈，要让孩子们紧张起来”，但在大部分人的价值观念里，“虎妈”“狼爸”的做法还是不可取的。

最好的家长不是“刻意安排孩子”，而是“开发孩子的潜力”

当然，“棍棒教育”也有自己的拥趸。支持蔡美儿和萧百佑的人认为，教育成功是非常显著的——孩子纷纷进入名校——这是很多家长的愿望。而我认为这才是问题的症结所在。

我们教育子女，总是喜欢比来比去，他家的孩子得了什么奖，她家的孩子考上了重点大学……总是拿别人家的孩子来说事。每个家庭的情况都不相同，每个家庭都应该有自己的家风以及追求。不要管别人，你们家就是你们家。别人家的追求符合自己家庭的定位，父母在类似的环境下长大，知道“棍棒”加上其他独有的家庭氛围，可以综合出一种所谓的“幸福感”或者好的前程。而你们家只是学习了“棍棒教育”却没有配以全面的辅助，孩子很可能被揠苗助长，反受其害。小孩子是不懂这些的，而家长是必须要懂这些的。

望子成龙，自古已然，这绝对不是什么错，但必须讲究方法。我在上一章最后提出了一点，就是“家长要以身作则”，你是什么样的人，通过言传身教，制造家庭氛围等方式，告诉孩子怎么做才是对的。

曾仕强老师在讲《易经》时曾说，卦象由阴阳二爻而组成，在六十四卦象中只有两个卦象是全部相同的，一为乾卦，全部阳爻；一为坤卦，全部阴爻。其中阳为九，阴为六，故乾卦读法又为：初九、九二、九三……为什么第一个，是初在前，九在后，而后就都是九在前呢？其实初代表时间，九（或六）代表事物，“第一个，是初在前，九在后，而后就都是九在前”其实是在说明：最初的时间是最重要的，而后事物的重要性才逐步大于时间……就人生而论，其意为：人生的最初阶段是决定一个人未来命运的最关键所在。

我的理解是，每个人都有与生俱来的某些能力，关键看后天的成长环境是否能够将其引导、开发出来。目前的大多数家长们因为望子成龙心切，刻意让孩子们学习、接受一些新生事物，却从没有想过孩子内心的真实感受或者说其潜力所在。而“虎妈”“狼爸”更是用打骂让孩子按照自己的意愿成长。其实，多数孩子们事实上都是在学习、接受着自己不喜欢或不在潜力范围的东西，进而破坏了与生俱来的天赋潜质。

我觉得曾仕强老师有一句话说得特别对，在这里介绍给大家：对于幼年时孩子的成长，最好是采用正确的方法引导，逐步开发其自身的潜质，而不是根据自己喜好刻意地去安排孩子的一生。

中国历史上最著名的例子就是孟母三迁。现在被人们称颂的儒家代表人物孟轲，孟子，小时候的家庭状况是很一般的，虽然是贵族的后裔，但却是平民出身。而且他的父亲早亡，母亲没有改嫁而是含辛茹苦地把他养大。不得不说，这是一位伟大的母亲。

孟轲小时候，家住在墓地旁边，他整天和邻居家的小孩学着大人跪拜、哭嚎，玩办理丧事的游戏。即使放在现在，很多家长最多是出言制止孩子的游戏，而生活在两千多年前的孟母马上意识到生活环境对孩子的影响，她带着孟轲搬到了集市附近。孟轲在这里和邻居小孩玩的是商人做生意的游戏——一会儿鞠躬欢迎客人，一会儿招待客人，一会儿和客人讨价还价。在古代，商人是非常低贱的行当，孟母看到之后再一次带着孟轲搬家了。这一次，他们搬到了学校附近，孟轲从此变得守秩序、懂礼貌、喜欢读书，而孟母也最终满意了他们的住所。

从这个例子中我们可以感悟到很多哲理。孟轲后来成为了一代大儒，而从他的成长经历中可以看出，他并非天生自控力强的神童——在墓地旁边就学哭坟，在市场旁边就学杀价，在学校旁边就学读书，他的成才更主要的原因是母亲对他成长环境的精心塑造。

我们中国人有一句古话，叫作“三岁看大，七岁看老”，这其实是非常科学的一种论述。意大利著名教育家蒙台梭利说：“人生的头三年胜过以后发展的各个阶段，胜过三岁直到死亡的总和。”从出生到三岁被称为婴儿期，是儿童生理发展，心理发育最迅速的时期；人在七岁以前的六年中，可以获得一生中 60% 左右的智力。所以我们能从三岁的孩子的个性中，找到他们青少年时期的心理与个性形象；而从七岁的孩子身上，你能看到他中年以后的成就和功业。除了个别神童以外，绝大多数孩子在三岁之前都是没有主观判断力的，七岁之前是非辨别力也很薄弱，这就需要家长有意识地为他们的孩子营造出成长环境。

我再举一个反面例子加以论述。北宋文学家王安石所作的

《临川先生文集》中有一篇很有名的文章，叫作《伤仲永》。在王安石生活的年代，金溪有个叫方仲永的人，家里本来世代耕种没有读书人，他在五岁的时候突然让父亲拿来笔墨，然后挥毫泼墨写了一首诗，讲的是“赡养父母和团结同宗族”。他的父亲不懂诗文，拿给秀才看说是文采和道理都非常好。仲永后来还写出了很多好文章，一下子成了名人、神童，同县的人纷纷邀他写诗，有的还花钱买。仲永的父亲觉得有利可图，整天带着仲永在县里四处拜访，有偿为别人写诗，但就是不让他读书。

王安石第一次见到仲永时，仲永 12 岁，王安石让他写首诗，写出来的已经算是很一般的了。再过七年，王安石第二次见仲永，他已经是一个平庸的人，曾经的“神童”光环荡然无存。为什么会这样？王安石的解释是：“因为他后天所受的教育还没有达到要求。”一个有天赋的孩子尚且会在错误的成长环境下被扼杀，更何况是生来平凡的普通人？所以，家长为孩子创造的大环境至关重要。

什么是好的成长环境？

有些人可能会说，孟母也在按照自己的判断刻意为孟轲制造学习环境，这和蔡美儿、萧百佑有什么区别呢？我说有的，最大的区别是“度”。

影响孩子行为的因素当中，奖励和惩罚具有同样重要的地位。奖励最有效的其实是赞赏，而最佳的赞赏是关心，对子女正面的效果，胜过责备、打骂的惩罚几十倍。我举个例子，寒暑假时孩子拿成绩单给父母看，都是得 99 分的孩子，有些父母就会因为他们没得 100 分而批评，甚至责骂他们（比如蔡美儿、萧百佑），有些则会说："比上次进步多了，下次再加油！"平心而论，所有人在面对这两种截然不同的反应后，一般都是前者让人产生逆反情绪，不思进取；后者充满鼓励，积极向上。

孟母是否像"虎妈"一样对待过孟轲，我们没法从文献里找到，我在这里举另外一个例子。2011 年在"虎妈""狼爸"教育法大行其道的时候，哈佛女孩常帅的爸爸常智韬因为民主、宽松、"因材施教"的教育方式，被戏称为"猫爸"。和蔡美儿、萧百佑一样，常智韬也是社会精英人士，在教育女儿的过程中，十岁之前也是严加管教，但随着女儿独立完整人格的逐渐形成，他在女儿常帅十岁之后奉行的是"家长好好学习，孩子天天向上"，鼓励和引导家长与孩子共同成长，一起共享家庭教育的快乐。

"到了十岁以后，她这时自我意识开始觉醒，掌握了一定的知识技能，父母要给她的是自己成长的意识和本领，需要做一些引导，给孩子一些自由的空间，多一些自己做决定的事情。"常智韬说，"这个阶段孩子生活学习内容多了，也有自己的业余爱好，希望有一些自主的空间，硬性规定几点钟吃饭，几点钟玩，几点钟看书效果也不好"。

常智韬显然走了和蔡美儿、萧百佑截然不同的路。他的女儿常帅不仅愉快地选择了自己的爱好——跳舞，而且一跳 12 年。

很多家长肯定也面临过保留孩子爱好和主攻学习之间的取舍，而我相信大部分人选择了逼着孩子学习。常智韬是怎么做的呢？他和女儿说："你是自己愿意去遵守一些游戏规则的，能分清轻重缓急的，比如学习是第一位的任务，没有讨价还价的余地。你学习很自觉，就让你自主决定一些事。如果给了你自主权你用得很好，可以给你更大的一些。"

十岁的孩子能这么有自控力吗？我认为能，这建立在家长给孩子塑造的充分自信上。大家可以尝试看看常智韬的做法，这是一种信任感的给予，孩子会觉得他们在家长眼中是值得信任的，自己对自己也会有更高的要求，努力做好一些事，承担一些事，然后变得更自信，更自立。为了争取到更多的自主权，会要求自己做得更好。这就像一个良性循环，你给予孩子信任，他们收获的是越来越多的自信、自立、自强和自控。

当然，我无从得知蔡美儿和萧百佑的孩子是否也在殊途同归地变成自信、自立、自强和自控的孩子。那么，我们就从一些显而易见的地方看看孩子们是否快乐。在对"虎妈""猫爸"的采访中，孩子们没有社交时间，没有属于自己的爱好。反观常智韬的女儿常帅，坚持自己喜爱的舞蹈；同学们可以经常来她家里开派对，她可以偶尔在同学家过夜；进入叛逆期后，常帅也像其他孩子那样躲避和父母的交流，常智韬为了和女儿找共同话题经常拿时尚杂志给她看，陪她逛街，培养孩子与家长之间的自主交流。

说到这里，我已经很明确地表达出了我的观点，我是支持

"猫爸"的教育模式的。因为在我的认知里，孩子是不是"成才"，并不是指他们是不是上了哈佛、耶鲁、北大等名校，而是他们是不是养成了自强、开朗、乐观的品格。

"一个人在社会上，有多大的本事，有多大的才干，在我们中国人看来不是很重要。外国人是以能力为本位，认为有能力就了不起，中国人不是这样。"曾仕强老师说，"中国人更看重人的德行——一个人的品德基础好，才能越高越好；一个人的品德不好，才能越高别人反而越害怕，因为这样更容易做坏事。"

我们在孩子的童年教育他们时，重点培养的是他们的品德，知识以后再去学，不必着急。一个人品德基础良好，一生都会很稳固，将来再坏也坏不到哪里去。"一个孩子是不是自信，是不是善良，是不是诚实，走出家庭在一个团队中能不能自立，这对孩子来说是第一重要的。"常智韬说。当然，我认为常帅最终被哈佛录取和她良好的成长环境和品格密切相关。

赞许不等于炫耀，也不等于溺爱

但是鼓励也要有"度"、有原则，这样才能产生好的效果。有些父母特别是母亲，把子女当作一种成果来炫耀，在亲属、朋友面前喜欢夸耀自己的子女，这是一种只顾自己、不顾子女的自我行为。长此以往，一方面子女会觉得自己当之无愧，慢慢越来越不知天高地厚；另一方面子女模仿父母的作风，长大也会到处吹嘘自己，在不知不觉中引起别人的妒忌，搞坏人际关系，到头来自己倒霉。子女身心健全，父母当然内心高兴，但是乐在心中就好，不必表现出来，这才是真正关心子女的表现。

孩子可以天真无邪，但是父母不能不懂事。一个人会引起别人的嫉妒，自己有相当的罪过，迟早要承担相应的后果。母亲要教会子女保护自己，否则没有人保护得了他。“现在父母都让孩子四处去表现，这样将来受到的打击就很大，挫折感就很严重，最后的人生就很苦。”曾仕强老师说。

我们的古人常常是不当着别人的面教训孩子的，我觉得夸奖孩子也要这么做，而且要夸的“有度”。比如孩子的成绩提高了，我们应该说：“你稍微用功一点，成绩就能有所提高。以后再加把劲儿，还会有更大进步。”其他多余的话，特别是让孩子盲目自大的话不要多说，这也是夸奖的一种“度”。出了家门，来到社会上没有人会像父母那样捧着他们，到时造成心理落差，只会更难以接受。

在这里我想再特别强调一下“溺爱”的问题。除了我在上一章说的“富二代”，其实大多数家庭都存在这个问题。一方面是独生子女政策期间，诞生了很多“小王子”“小公主”，家里爷爷、奶奶、姥姥、姥爷、爸爸、妈妈几个大人围着一个孩子转。里面有一个对孩子严厉的，可能会被其他人，特别是老人围攻。我要说这是不对的。另一方面，在溺爱的过程里，家长除了在精神方面满足孩子的一切需求，在物质方面更是尽力为之，让孩子没有形成正确的价值观。这种挂着“爱”的旗号，行使的其实是伤害。

另外，有些父母害怕被人说自己不爱子女，以至处处小心，为了要表达出对子女的爱，甚至到了不敢管教子女的地步。这样的父母是自私自利的，只顾自己的虚荣，却不顾子女一生的幸福。还有的父母怕失去子女的爱，以至什么都不敢管、什么都不敢教，甚至情愿受子女的威胁、勒索。这种做法等于放手让子女自生自灭，而且子女长大以后，也一定会抱怨父母不知道管教自己。

要知道，子女在家里受到父母的纵容或溺爱，想做什么就做什么，进入社会以后，从自由自在的生活转向有规律的生活，首先遭遇的问题就是不合群，不知道如何和老师、同学相处，对周围的环境极度不适应。而年幼的同龄人之间往往还不知道互相谦让，一旦失掉了“别人都要迁就我”的外部环境，相互之间的摩擦在所难免。我碰到过很多家长干涉孩子摩擦、交友的情况，这种干预是不对的。看似挺大的冲突，其实是孩子在适应社会，在调整自己。玉不琢，不成器。还有的孩子在家霸道惯了，没有把大人放在眼里，他们初进幼儿园，也很可能不把老师等其他长辈放在眼里。结果可想而知，他们要么不知道如何面对“突然变凶”的大人，而产生畏惧心理，更难接受老师的教诲；要么挑战老师的权威性，给老师留下糟糕印象。更糟糕的结果是什么？当孩子最终发现学校不是家庭，老师不是伙伴，同学不会处处礼让他的时候，就会讨厌学校，不喜欢老师和同学，甚至于逃学或者厌学。

我想这样的情况绝对不是偶然事件，如果这个时候家长突然强硬起来，逼着孩子去上学，那么孩子只会觉得曾经的世界观都改变了——就连家里曾经百依百顺的大人都变得凶悍起来。种种例子都告诉我们：父母纵容或溺爱子女，固然使子女在家里逍遥自在，但是一旦离开家庭，就会寸步难行，处处碰壁，最后受苦受难的仍然是孩子。

如此看来在爱里适当的管教才是正确的做法。有些家长因为自己不管教孩子，被老师请去反而责怪老师指责了自己的孩子。这种错上加错的做法，绝对不是少数。家长自己不教导，也不让老师教导，难道最后要让司法、公安部门来教导吗？把这个道理好好想一想，就知道限制是多么的必要。

对子女来说，父母之爱非常重要。孩子从小就在适度的爱中长大，身心必然是十分充实而健全。父母对于子女的爱，表现在顺其自然地接受子女的成长情况。但是，顺其自然并不是放纵。子女的潜能是先天带来的，但是生活态度和习惯却是后天培养的。“不管从哪个角度来看，爱都要给予相当的限制，才算真的爱。父母爱子女最合理的方式是爱限兼施，既要懂得爱护子女，也要明白限制子女的重要性。”曾仕强老师说，“父母不能放纵子女，因为社会不会容许任何人放纵自己。父母最好让子女明白：自由是建立在不自由的基础上的，大家都遵守规定，看起来不自由，但是正是因为这种不自由，大家才能够自由地生活。民主是大家做主，而不是自己就能够做主。”

实际上，子女在父母的关怀和爱护下，逐渐把外界的限制转变成对自己的限制，把客观的约束转变为对自己主观的约束，最后才能成长为守本分、有道德、有原则、能伸能屈、自主自律的人，这是大家都愿意看到的结局。

教育中的金钱问题

这两章连着讲教育，因为这是家和国的头等大事，而我在这里把“钱”单拎出来讲它在教育中的位置，因为它在孩子的教育过程中非常重要。

首先一点，我们的家长无论家庭经济情况如何，都肯在教育上花大价钱。比如电视剧《虎妈猫爸》里面，虎妈赵薇花高价买学区房，一家人瞬间从小康居住水平，降低到一家人挤在破旧的老房子里。不仅增加了家庭争吵的可能，最后因为学区房出问题还闹出了更大的矛盾。所以，父母首先要有正确的价值观和概念，才能教导好孩子。

第二点，如何教孩子金钱的价值。我们看到很多犹太人都成了大富豪，他们的家风就是从孩子小的时候就厘清个人与金钱的关系。我觉得非常值得借鉴，特别写在下面。

犹太人的至尊家族：罗斯柴尔德家族教育子女的十训

重视兄弟间和睦与家族间团结的传统；

不追求金钱，追求良好的人际关系；

教育子女拥有正确的金钱观；

信息就等于金钱，从小开始重视信息的重要性；

世代相传收集情报信息的传统；

警惕过于追求物质利益的思想倾向；

坚持“不是儿子就不参与经营”的原则；

不忘促使五兄弟和解的“五支弓箭”的教训；

世代保持捐赠的慈善传统；

犹太人之间互帮互助，共同发展事业。

我们如果从小为孩子树立正确的金钱观，让他们知道怎么花钱才合理，长大以后他们就知道赚钱的不易，珍惜钱财，但又不会取不义之财，也不会成为守财奴。

关于如何帮助孩子树立正确的金钱观，我在这里借鉴曾仕强老师所说的方法：在孩子上小学之前，告诉他钱不能随便动，如果要用，也要经过家长的同意才可以。更不能私自拿家里的钱出去买东西。他问你：“为什么？”你要告诉他：“那样太可怕了。因为你买的东西不一定能吃，不一定能用。而且人家看到你手上有钱，一看你身边没有大人，说不定就把你给抱走了。”你要让他有这种警觉性，让他有危机感。这就是我们中国人说的忧患意识。我们要给孩子从小建立忧患意识。你没有钱人家不会抢你，没有钱人家抢你干嘛？所以，这就是我们要从小告诉孩子钱不露白的原因。我们要告诉孩子，你不能随便跟人家说我家有的是钱，我家有好几根金条，因为这样的话，人家就会来打我们的主意。

等到孩子上学，逐渐融入社会有了一定的社交活动，就需要给他一定的零花钱，给多给少家长自己决定。这一点上我非常不赞同“虎妈”不给孩子零用钱的做法，当然，也不赞同只给大把钞票不教育子女的做法。给零用钱的同时和孩子保持良好的沟通，明白他是因为什么在花钱，一旦出现了错误的消费习惯及时纠正。

等到孩子慢慢步入少年期，甚至叛逆期，就不要再过多地管教了，特别是那些持续“棍棒教育”的人。首先你已经在之前给他们养成了金钱观和价值观；其次，孩子们在叛逆期是不愿意过多听家长的话的，你说了只会增加麻烦。等到孩子慢慢长大成人，上了大学，参加工作，就要让他们慢慢有养家糊口的意识，并且要定期给父母寄钱，这和父母有没有钱没关系，是一种责任感的表现。关于金钱我就说这么多。

最后总结一下我对“虎妈”“狼爸”的看法，这肯定是一种错误的做法，用换位思考的角度，以成年人的心理承受力都很难接受，更何况是孩子。我们家长爱孩子绝对没错，但不能用严厉、不近人情的“棍棒”来表达。爱应该是有节制地给予自由，这样才能给孩子提供一个良好的成长环境。至于最后他们是不是都成为领袖、科学家等，其实并不重要，只要身心健康、为人品性高洁，就是一个成功的人。当然，这样的人也更容易获得成功。

结语

上火下泽，睽。君子以同而异。——《睽卦·象传》

《睽卦》的象辞说：睽卦上卦为离，下卦为兑；离为火，兑为泽。上火下泽，两相乖离。君子观此卦象，领悟到求同存异的道理。

《睽卦》的卦象是上火下泽，而火本身是向上，泽则是润下，自然是走向分离。因此，《睽卦》象征着分离背散。智者观察到这种现象，认识到泽与火虽然都是用处极大的，但二者却由于润下和炎上的不同性质而走向分离，因而领悟到与他人相处也应该遵循求大同、存小异的原则。

睽是家人的综卦，家人卦走到尽头，接着就出现了睽卦，这也正是《睽卦》的意旨所在。家庭成员本身是聚合在一起的，但正如人生中其他的聚合离散一样，即使亲如家人也有分离的时刻。特别是当子女长大之后，必然要和父母分离，离开原来的家庭，组建新的家庭。

人是社会性的动物，每个人都是独立的个体，都要自己选择自己的人生道路，为自己负责。当然，父母的教育对孩子早期的成长非常关键，因为在幼年时期，孩子是缺乏自己的判断的，这个时候就如同墨子叹染丝一样，可以说是“染于苍则苍，染于黄则黄”。

但是，教育不等于完全控制，而在于帮助孩子树立正确的人生观、世界观和价值观。也就是要在大的方向上给孩子以正确的引导，至于该采用何种教育方式要根据具体情况具体分析。

比如东西方文化不同，教育的方式也就不同，对不同年龄层的孩子所采纳的教育方式也不同，而每个孩子又有自己的个人特点。因此，作为孩子的父母，应该是最了解孩子的人，应该根据自己孩子的情况，寻找适合自己的教育方式，建立自己的教育理念，有自己的教育心得。从这一点来讲，这一章谈到的无论是“虎妈”还是“猫爸”的方式都有其合理性。

而在这个方面，《睽卦》就给了我们很多启示。它告诉我们，人生总要面对分离，孩子总要脱离父母的怀抱。但是，分离并不是坏事。《睽卦》的分离也是以合为前提的，而且还包含着相互转化的意味。这一切的关键在于求同存异。

有同有异是生活的常态，正如对立和统一是矛盾的两个属性。子女和父母，各个家庭成员之间都会有分歧和矛盾。《论语》中也说“君子和而不同”，没有异的同，是不可能的，也是不可取的。这就提醒我们，家人相处也要做到求同存异，因势利导，正确解决矛盾，而不是绝对的打压和控制。

第六章

放开『二孩』：如何打造兄友弟恭的完美家庭

对于老百姓来说，2015 年最大的政策变化莫过于中国实施了 35 年的独生子女政策正式宣告终结。

2015 年 10 月，中共十八届五中全会在北京举行，人口政策的调整成为会后最热新闻点。全会《公报》称："促进人口均衡发展，坚持计划生育基本国策，完善人口发展战略，全面实施一对夫妇可生育两个孩子政策，积极开展应对人口老龄化行动。"

这是继 2013 年实行"单独二孩"政策后，中国人口政策一次更为重大的调整，被外界称为"全面二孩"。对于政策调整的背景，五中全会《公报》指出，"促进人口均衡发展，坚持计划生育的基本国策，完善人口发展战略，全面实施一对夫妇可生育两个孩子政策，积极开展应对人口老龄化行动"。

20 世纪 70 年代，为控制人口过快增长，缓解人口与经济社会、资源环境的紧张关系，我国开始全面推行计划生育。进入新世纪后，我国人口发展呈现出重大转折性变化。

尽管人口基数大的基本国情未根本改变，但生育率低、人口老龄化、城市化率不断上升、独生子女家庭数量增长等人口结构性问题也正日益成为影响经济社会发展的重要因素。之前国务院组织开展的人口发展战略研究认为，中国人口总量峰值应控制在15亿人左右，妇女总和生育率保持在1.8左右，过高或过低都不利于人口与经济社会的协调发展。而最新一次人口普查的结果显示，中国生育率已降至1.18的低水平，远低于欧美发达国家和东亚邻国。

除了生育率进入超低水平，老龄化也成为困扰中国的一个问题。国家统计局数据显示，自2012年以来，中国15岁至59岁的劳动年龄人口连续三年下降，仅2012年当年劳动年龄人口绝对数就减少了345万。2014年中国60岁及以上老人2.12亿人，占总人口比例为15.5%；65岁以上人口数为1.37亿人，占比10.1%。

可以预见，“全面二孩”给社会和家庭都带来不小的考验。例如，全面放开二孩政策出台之后，对于即将到来的婴儿潮，相应的医疗、幼儿园等公共服务已经难以满足需求，必须尽快跟上，未来几年，影响还会波及教育、就业等领域。

对于普通家庭，迎来二孩也需要补课。中国大多数城镇家庭都是“四二一”结构，也就是祖父、祖母、外祖父、外祖母四人，父亲、母亲二人和一个独生子女所构成的金字塔形的家庭。在“四二一”家庭中成长起来的独生子女，父母要帮助他们接受弟弟或妹妹。与此同时，考虑要二孩的父母也要思考，如何做到“爱子贵均”，打造兄友弟恭的和睦家风。

“二孩儿”给老大出了一道难题

2016年1月，全面二孩政策公布三个月后，一则新闻引起了广泛关注。武汉36岁的刘女士独生子已读初二,二孩放开后她决定再生一个，没想到却遭到儿子的强烈反对，并最后以不参加中考作威胁。由于担心影响儿子的情绪和学习，这位妈妈只有忍痛打掉肚子里的孩子。

二孩的相关新闻中，这是一个相当极端的案例。但担心父母生二孩的“大孩焦虑症”在独生子女中并不罕见。政策出台后，针对“家里的老大怎么看”，各地媒体做了一轮调查，对象大多是城市中的十岁左右的小学生，让人吃惊的是，大概只有一半孩子支持家里再多一个弟弟或妹妹。

在北京某媒体的采访中，参与调查的64名城区小学生，有56名独生子女，不希望父母生“二孩儿”的25人，约占45%；另有两人既希望又担心父母生“二孩儿”。

同期，温州某媒体的调查问卷结果与北京类似。在温州市青少年活动中心，共有202个孩子参与了调查问卷的填写，现场收回有效问卷198份。受访者年龄集中在8岁至11岁（小学二三四五年级），其中男生为116人，女生为82人。调查共设计了四个问题。数据显示，受访的198个孩子中，同意家长再生育的105人，反对的93人。

简单地说，各地统计的结果差不多，不愿意接受弟弟妹妹的孩子约占不到一半。接受父母生二胎的孩子，理由主要是认为自己太孤独，多一个弟弟妹妹可以做伴，“挺好的，终于有人陪我玩儿了”。还有一些孩子的考虑更为长远，表现出思想的成熟，比如“多一个弟弟或妹妹，以后可以帮我做事”，“长大以后，父母生病可以不用一个人照顾”等。

不接受的理由大约有以下几条：

·担心自身处境。“长大了会跟我争钱”，“再生孩子我会被吵到的，导致学习下降，而且他们会更疼弟弟的”。不难发现，这些孩子已经习惯了原有的家庭结构，担心多一个弟弟妹妹会不习惯。

·担心父爱母爱被分散。“他们生了就不疼我了”，“一个已经够了，还来！爱都给弟弟妹妹了”。这是比较多见的一种理由，担心父母不再像之前那样疼爱自己。

·担心父母身体。有些孩子给出了非常成熟的答案，“生了二胎妈妈就会很累，我因为不能帮她，我只能选不同意。”“没人看孩子，父母是双职工。”

·担心家里的经济状态。“没钱养啊！”“家里粮食会被吃光的”，“这会使家里的房贷和收入受到严重影响”等。

另外，在测试中还有少数孩子坚决反对父母生“二孩”，显得毫无商量的余地。“我不想要小朋友，不然我就完了”，“不要就是不要”。

“二孩”成为一次突然到来的测试，既显示出长达三十多年的独生子女政策对于儿童人格产生了普遍影响，同时也考验了父母在培育孩子品性方面的成果，侧面反映出一个家庭的教育水平。

独生子女有自己的人格特点。由于家庭中只有一个孩子，他（她）习惯于独享父母长辈的爱，不习惯与其他人分享。在专家看来，这种权益排他性其实是所有小孩天性的表现，但中国社会中，长期以来独生子女婚育文化的影响让孩子表现得更强烈，这本身可以理解。因此，在我看来，这种排他性不需要太多担心，不仅可以通过父母正常的疏导解决，而且当越来越多的家庭拥有两个小孩，分享会逐渐被所有孩子接受。

此外，大多数孩子对于这件事都希望有知情权。“如果爸妈不与你商量或不顾你的想法，就怀上宝宝，你会怎么想、怎么做？”面对这个问题，约 58% 的孩子都表现得不太高兴，有的称“那太不尊重我了”，有的甚至表示“带着钱财离家出走”等。

因此，在是不是生“二孩”这个问题上，家长很有必要和“大孩”沟通。从以上调查结果可以发现，很多孩子考虑的问题非常现实，实际上也是家长做选择时的考虑因素。前文所说的放开“单独二孩”后，却未出现生育潮的重要原因，正是由于适龄夫妇的经济压力。

沟通并不是要把决策权让给孩子，而是让孩子了解真实情况。例如，对于再养育一个小孩的成本，父母要和孩子说清楚影响的范围，“虽然每年外出旅游的次数可能减少，但是家里的正常消费不会有太大变化”，或者“短期内有影响，但爸爸妈妈未来有能力解决”。孩子的认知能力毕竟有限，如果不讲清楚，他可能认为再增加一个弟弟妹妹，全家人就会衣食无着；对于养育宝宝付出的辛苦，实际上也是受到此前家庭教育的影响，这时也应该告诉孩子，“养育小孩虽然辛苦，但是从中能够得到的乐趣更多”；至于孩子们最担心的自己的地位问题，完全可以正面解释，“爱不是减法或是除法，也可以是乘法，父母对你的爱不会因为有了弟弟妹妹就减少”……

父母要“二孩儿”这件事上，尊重老大意见是为了创造和谐的家庭氛围。实际上，孩子年龄越小对此事的接受能力越强，越喜欢小孩儿跟自己一起玩。相反，年龄越大就越需要做思想工作，因此要和孩子平等交流，而不是一厢情愿地随便给他一个理由。

父母不能低估当下孩子的判断能力。例如，很多父母生“二孩”的理由是觉得独生子女太孤单。那些年龄较大的孩子对此往往难以接受。而且，心理学上的研究结果也并不支持这种理由。英国相关研究显示，独生子女人格上积极主动，自尊但不自负。在一些独生子女身上看不到一点孤独感。而且，如果家里的第一个孩子已经很大了，第二个孩子跟老大相差七岁以上，不仅不能帮助减轻老大的孤独感，老二也极有可能成为“变相独生子”，因此“避免孩子孤独”一说不一定成立。孩子未必了解这样的研究结果，但是从直觉出发也会怀疑自己与小十岁的弟弟妹妹玩不到一起。

有专家指出，调查中出现的一些极端答案确实需要引起关注。如上文所说，有些孩子坚决反对，毫无商量余地，显示出看问题偏向极端。而以不参加中考来威胁母亲打掉胎儿的案例中，孩子对于生命的漠视也让人吃惊。对于这样的家庭，考虑一下如何教育好第一个孩子，比生第二个孩子更紧迫。

总之，对于"二孩"这个关系到孩子切身利益的问题，以及孩子因此流露出的内心世界的真实想法，也反映了社会、学校、家庭值得思考的问题，这也正是教育的契机。

我们的孩子足够坚强吗？

没有一种教育方法适合所有家庭，何况独生子女的父母都是新手，没有经验可言。二孩时代的到来，让我们有机会反思一下中国式教育的成败优劣。教育一向是世界性难题，而且东西方教育观差异很大，当下中国式教育有哪些问题？可能来自外人的旁观，或许更能带来启发。

2016 年 1 月，英国首相卡梅伦在演说中，呼吁英国教育界学习中国的"虎妈式教育"，立即招来了英国媒体的口诛笔伐。

据英国媒体报道，事情起因于卡梅伦政府在此之前建议测试每个 11 岁孩子的乘法计算技能，因而遭到英国全国教师工会秘书长克里斯廷 · 布洛尔反对。布洛尔认为："查看乘法表轻而易举。我们必须确保儿童及年轻人使用智能手机计算的能力，这样他们只要动动手指就好了。”

2016 年 1 月 11 日，卡梅伦在伦敦北部伊士灵顿的演说中反驳布洛尔：轻视知识就是轻视我们下一代的生活机会，这种观念是彻头彻尾的错误。

没错，让卡梅伦和英国教师工会争执不下的就是“九九乘法口诀”，我们在小学早已经倒背如流。但英国人从小依赖计算器，一旦离开计算器，许多成人连简单的乘除法都没法做出来。甚至包括卡梅伦自己在内的英国精英。2015 年 2 月份，他被记者追问“9 乘以 8 等于多少”时，他思索再三竟表示：为了防止在电视节目上说错，还是决定不回答这个问题。

他在演讲中，号召英国人向“虎妈”学习。“不管你多聪明，如果你不相信持续的努力和专注，如果你不相信你能从失败中站起来，你就无法实现你的潜能。这也是《虎妈战歌》的全部主旨：奋斗，努力，相信你能成功，并且锲而不舍。”他说。

卡梅伦所说的《虎妈战歌》是一本育儿方面的书，作者是耶鲁大学教授蔡美儿。五年前，作为一位美籍中国妈妈，蔡美儿将自己的中式教育经历写成《虎妈战歌》一书并出版后，引发了一场中美教育论战。

《虎妈战歌》以“奋斗、努力，相信你能成功”为主旨，与西方教育中尊重孩子的理念不同，蔡美儿认为应该掌握孩子人生最初的“选择权”。“孩子年幼时，不了解社会，也不可能会有明智、成熟的选择，需要家长为其作出正确的‘选择’，家长要负起这个责任，督促孩子去实现这个‘选择’。”

基于这样的理由，蔡美儿为大女儿索菲娅“选择”了钢琴，为小女儿路易莎选择了小提琴，并与孩子们一同走上了音乐学习的艰苦道路。她对女儿要求极严，大女儿七岁时，因为一首钢琴曲弹不好就被强迫从晚饭后一直练到夜深，中间不许喝水或上厕所。

数学更是不在话下。“我的大女儿索菲娅五年级时，有次乘法速算测试得了第二。接下来我每晚让她做 20 张试卷，每张 100 道速算题，我在一旁掐着秒表计时。一周强化训练后，索菲娅次次稳拿第一。”蔡美儿说。

蔡美儿本人是第二代移民，蔡家祖辈来自中国福建。《虎妈战歌》一出版，就引起美国在内的西方国家教育界的抨击。西方人很难理解一位母亲仅仅因为孩子弹不好钢琴惩罚她，“虎妈”蔡美儿俨然成了众人眼里的“悍妇”，更有人指责这位耶鲁大学法学院教授对儿女毫无爱心，甚至“虐待儿童”。

以上这件事说明了什么？换成我们熟悉的话语，争论的焦点是“技能教育”和“素质教育”的矛盾，美国人认为，“中国家长非常努力，她的孩子也将击溃我们的孩子”。显然，美国精英们的潜台词是，由于中国妈妈对儿女“毫无爱心”，无法保证孩子拥有健全的人格，但学习成绩优异（虎妈的两个女儿一个上了哈佛，一个考入耶鲁），这甚至引发了美国对民族衰落的恐慌。

有意思的是，《虎妈战歌》中文版在中国国内上市后，蔡美儿并没收获太多赞美。相反，当身在美国的蔡美儿以中国传统价值指导自身教育方式时，中国的妈妈们，尤其是一些发达地区和城市，都在以美国教育方式为榜样——她们也认为中国式教育不利于健全人格、创新精神的培养。

但是，尽管有些中国妈妈不愿意被“虎妈”代表，对美式教育心向往之，但是普遍来说，中国妈妈们对于孩子的学习成绩从不马虎。中国孩子的应试能力确实有目共睹。

2013 年 12 月，经济合作与发展组织 (OECD) 发布的 2012 年《国际学生评估项目》(PISA2012) 结果显示，英国中学生的数学成绩仅得分 494，远远落后于得分 613 的中国上海学生，美国则为 481 分。不仅仅是数学，在阅读、科学能力上中国学生也领先。这一权威的评估结果在西方引发轰动，也引发了许多西方国家对于中国基础教育体系的关注。

为学习中国的“先进经验”，2014 年 11 月，英国教育部长吉布曾带着 70 名小学数学老师到上海取经。他公开表示，“我希望英国能够用填鸭式教学授课”。吉布反对“自主学习”的教学方式，他希望特别是在数学和科学这两门科目上，以中国惯用的填鸭式教学为主，不要再用自主学习的教学方式。

几经发酵，2015 年中国式教育在英国成为一个热点话题。英国广播公司（BBC）因此做了一个纪录片。他们花了半年时间，选出 5 位能用英语教学的资深中国教师，并在英国博航特中学开设了一个由 50 名十三四岁英国中学生组成的“中国实验班”。

这五位老师严格遵循中式教育方法，教育“中国实验班”的英国学生。四周后，一个独立的研究机构将会对“中国实验班”的学生和英国教育体系下的学生进行对比评估，看哪个班的学生成绩更好。BBC 全程跟拍，最后剪辑出一部纪录片——《我们的孩子足够坚强吗？》。

“懒散”惯了的英国学生，要和中国学生一样，六点半起床，穿中国式校服做第八套广播体操，坐在 50 人（英国课堂通常不超过 30 人）的大教室里听老师训话。十一点半午餐，午餐后上课，做眼保健操，晚饭过后继续上晚自习，19 点放学（博航特中学通常是下午三点放学，而中国学生的晚自习大多晚上十点后才结束），体育课上要通过 800 米、1000 米测验。

在教学方法上，文化课上中国老师强调记笔记，不鼓励学生试错，知识的传递全部在书本、试卷以及课堂笔记中完成。因为这样“可以更快地讲课，让课程更有体系”。

无论是卡梅伦的演讲，还是 BBC 的实验，都体现出对英国教育的反思。正如英国在线数学学校“The Maths Factor”的创始人卡罗尔·沃德曼 2011 年发表的报告《为我们的年轻人提供世界级的数学教育》指出，英国学生在全球范围内数学能力偏低，“最差的中国学生也比我们最棒的孩子优秀”。

而在中国，社会各界同样在反思中式教育。事实上，我们的教育也确实存在着许多值得正视的弊端。在高考指挥棒下，我们的人才观单一而单薄。中国的学校教育，正如 BBC 所复制的那样，是以效率为核心的。而自立和责任，人格健全和思想独立等，这些英美的教育核心精神，也正是中国学校教育的欠缺。

许多家长的家庭教育也没有补上这个欠缺，特别是独生子女一代，父母对孩子过于宠爱。因此，时至今日，我们仍然能够看到类似“父亲心疼儿子太辛苦，替跑招聘会”这样的新闻。

实际上，这种人格教育才是家庭教育应该补上的一课。欧美国家的孩子，出生没几天，就被父母放在独立的房间，学校也强调自主学习和创造性思维。中国式教育尤其是在独生子女时代，“让孩子得到最好的”“不能输在人生起跑线上”等观念，让每个孩子都获得了家长全部的关注和关爱。这无疑使得孩子自立的能力与责任的精神日渐欠缺，更易于出现性格偏执。

再说回到“虎妈”和卡梅伦，在被标签化后都遭到了各方的质疑和抨击，但实际上，他们想表达的无非是“让孩子成为最好的自己”，对于这个目标无论是中国还是欧美的专家、父母恐怕都不会有异议，只是无论哪一国的父母，都要看清社会教育体系的缺陷，思考在家庭教育上如何弥补。

家风非小事，寻回家文化

外国人看《虎妈战歌》，更多的是被“虎妈”对待女儿的严苛而震惊。但我的第一感受，却是有感于中国母亲对于子女教育的全身心投入。从古至今，世界没有哪个民族像中国这样如此重视子女的教育。

中国历史上重视教育的名人数不胜数。例如晚清重臣曾国藩，因为他长期在外，就一直以给家里子女写信的方式教育子女，最后这些信被编辑成《曾国藩家书》，他的家书对其后代影响非常大。受曾国藩的影响，曾氏家族后来出现了许多有作为的人。

古人的家庭教育一般都以家训为载体。在我国漫长的历史中，一直都有家训的传承，历朝历代都不乏名人家训。比如，南北朝时就有一部名著《颜氏家训》，从各个方面阐述做人持家的道理。《颜氏家训》《朱子家训》《温公家训》和《袁氏世范》等备受推崇。

其中有些还成为千古传诵的名篇。如诸葛亮的《诫子书》：夫君子之行，静以修身，俭以养德。非淡泊无以明志，非宁静无以致远。夫学须静也，才须学也。非学无以广才，非志无以成学。淫慢则不能励精，险躁则不能治性。年与时驰，意与日去，遂成枯落，多不接世。悲守穷庐，将复何及？

家风是一个家庭或家族的传统风尚。家庭成员越团结，家风就越好。反过来说，家风越好，家庭成员关系也越有保障。古人的家训经过一代人又一代人的传承，最终成为中国家庭家风重要的形式和内容。并以此作为调整维系家庭成员之间情感关系和利益关系的道德行为规范。以《颜氏家训》为例，颜之推就在其中提出了“爱子贵均”的主张。在对待多子女问题上，他强调一视同仁而不能偏爱。

在思考二孩家庭兄弟关系的时候，我们应该从“兄友弟恭”

的基本要求延展开来，打造良好的家风。因为良好的家风也是整个社会风清气正的基础。习近平指出，“家庭是社会的基本细胞，是人生的第一所学校。不论时代发生多大变化，不论生活格局发生多大变化，我们都要重视家庭建设，注重家庭、注重家教、注重家风”。

当前，家庭结构、家庭关系和家庭风气的关系问题值得关注。从家庭规模和家庭类型来看，在社会大转型的过程中，我国不少家庭已经演变为结构脆弱、亲情疏淡的家庭。各大卫视几乎都有调解家庭关系的谈话节目，为了遗产分配、赡养老人，已经年近花甲的兄弟姐妹大打出手、闹上法庭的案例比比皆是。

家风重在代际传承，中国家风的传承在我们这一代已经遇到了断层。首先，近现代中国历史波澜起伏，大多数家族的家训甚至族谱都早已遗失。独生子女家庭，本身也不利于家训、族谱传承。过去的家庭中都会有好几个孩子，弟兄多，子孙多，就要对孩子们进行管教，也就可以形成比较有规模的家训。而现在大多都是独生子女，“四二一”型的家庭模式，难以形成家族，因此传承的基础不复。

说了这么多历史、传承，大多数家庭家训、家风传承断层也是现实。这当然很遗憾，不过正如企业文化体现了“一把手”的三观，家风也可以理解为家庭文化，体现着家长的三观，只要家长树立正确的世界观、人生观和价值观，就有了良好家风的基础。

说回到教育，父母是孩子的第一任老师，家庭是孩子的第一所学校。家长素质决定着家庭教育的水平。无论独生子女家庭还是双子女家庭，都是“身教重于言教”。为人父母，应该不断提升自身素质，做好孩子的榜样。

结语

风行水上，涣。先王以享于帝，立庙。——《涣卦·象传》

《涣卦》的象辞说：本卦上卦为巽，下卦为坎；巽为风，坎为水。风行水上，是涣卦的卦象。先王从卦象中得到启示，享祭天帝，建立宗庙，推行德教以聚合人心。

《涣卦》的卦象是上风下水，象征的是到了春天，冰雪消融，风从水面上过，吹起阵阵涟漪，水波离散的景象。《说文解字》中说：“涣，水流散也。”所以，此卦名为涣。但是，水波虽然散开，却散而不乱，是形散而神聚。而且上巽下坎，有水上行舟之象，所以这种散也暗含着聚的意义。

先王观察到这样的卦象，从中领悟到散中有聚和水散行舟的道理。因此，祭享天帝，建立宗庙，以宗教和民族精神等价值观来凝聚人心。就如同乘着德教之舟，教化四方。

《涣卦》，阐释的是挽救涣散，聚合人心的道理。在安逸宽松的环境中，人心容易变得涣散，如果不及时加以制止整治，而是放任自流，长此以往，就容易导致离心离德，风气败坏。就如《天下无贼》中黎叔说的那样，“人心散了，队伍不好带了”。

“千里之堤溃于蚁穴”，如果一个家庭里人心涣散了，那这个家庭就会出现不和，甚至走向分裂；扩展开来，如果一个国家中人心涣散了，那么这个国家就会变得动荡不安，面临内忧外患的局面。

因而，人心的涣散要及早防范。而应对的策略就是要聚合人心，推行教化。这正是《涣卦》给我们的启示。结合本章中的内容来看，当一个家庭出现问题，风气不正，人心散乱，孩子不好管理，不能接受其他的弟弟妹妹的出现，正是因为家长没有建立良好的沟通机制，不能团结家庭成员，也不能将正确的观念和道理灌输给孩子。

《涣卦》的散本身有其合理性，对任何一个组织包括家庭而言，在相对宽松的环境中，才能保持活力和创造力。所以，家长给子女一定的自由，允许孩子保有自己的个性，是有积极意义的。

但是，这种自由和松散不是无限度的，更不是没有底线和约束的。没有规矩，不成方圆。家庭内部也要讲求同存异，在存异的同时，还要形成内在的聚集力，要保证家庭成员在根本的原则上是一致的。因此，家长对孩子平时的教化，以身作则，形成正确的家风就显得尤为重要。

《涣卦》告诉我们，处于涣散之时，要凝聚人心，要推广教化，并不断发展壮大自己。也正因如此，涣的意义虽然是散，但是卦辞中却说涣是亨通畅顺的。

立业篇

第七章

大众创业：创业艰难，唯靠『三力』方得始终

回首2015年，大多数人的字典里第一个出现的词可能都是“创业”。自从李克强总理在2014年9月的达沃斯夏季论坛上提出“大众创业”的概念之后，跃跃欲试的气氛开始弥漫。及至2015年国务院办公厅印发《关于发展众创空间推进大众创新创业的指导意见》，官方正式为“创业时代”做起了背书：部署推进大众创业、万众创新工作，推动一批低成本、便利化、全要素、开放式的众创空间的大量涌现。

创业浪潮就此“决堤”。由于政策的引导，创业在这一年成为一种潮流，从北上广延烧到中国的大小城市。刚毕业的大学生、公司白领、端着“铁饭碗”的人……纷纷投身“第二次下海浪潮”；资本市场也随之疯狂，拿到投资实现梦想的人越来越多。据媒体报道，2015年全年，成都高新区新登记各类型企业18196户，同比增长57.99%；2015年成都高新区每天新增企业

50家，每天新增注册资本2.28亿元。在许多媒体的2015年年终回顾中，“双创”都是年度热词。

但是，什么人才称得上是真正的“创业者”呢？

我认为衡量标准要从老前辈身上总结。其实，创业不是什么新鲜事儿，中国发展市场经济三十余年，社会财富增值的同时，也带来了众多新职业，从早期的经理、董事长，到如今的CEO、CFO、创业家、风险投资人……其中最重要的当然是企业家。而我认为，改革开放后最早出现的一批企业家，他们的从商经历至多只有30年，和欧美、日本屹立百年的跨国公司相比，老一代的柳传志、张瑞敏、王石，后来的实业明星李东生、李书福、尹同跃，以及近十几年互联网经济中涌现出的马化腾、马云、李彦宏……中国目前成功的企业家其实都是创业家。

这几代企业家的创业经历有一个共同特点，就是艰难。创业让他们的人生有更多更剧烈的起起伏伏。这些人为什么能够成功？从时代机遇到个人选择，因素极多。但我在这里想着重强调的是，这些成功者也有能力上的过人之处。

能力是什么？就是你能而别人不能，动心忍性将一件困难的事坚持到底的一种品质。无论是柳传志、王石，还是马云、马化腾，几代创业者都是和同时代的创业大军一起“下海”。大家见识过铁人运动，在游泳这一关，下海的时候人头攒动，但真正能够方向正确坚持游到目的地的人凤毛麟角。在体育世界里，我们靠的是体质和意志；在现实世界里创业，我们其实靠的也是类似的品质：跌落谷底后的反弹力、屡败屡战的坚韧力，以及敢于放下成功继续创新的冒险力。通过多年的观察，我认为这三种能力是创业者在创业路上排除千难万险的必备素质。

反弹力：创业就是不断摔跟头，再不断爬起来

反弹力之所以重要，是因为人生总有起伏。就像硬币的两面，就算看上去无比强大的成功者，都有自己的软肋。即使已经走上人生巅峰的企业家，也经常突然跌落低谷，有的甚至跌到谷底。

我们从王石的故事开始说起，他是中国最知名的企业家之一，万科创始人、董事会主席，前几年出现在媒体上，大多是又爬了什么山，或是和“80后”女友的花边新闻，迥然人生赢家。但是，2015年年底万科的股权之争让我们看到，已经年过六旬的王石远远没有到达前途无忧的境界，他还在经历一波又一波的“摔跤”，也要面对谷底反弹。

万科现金流健康，管理层稳定，但是唯独股权结构是个大问题：万科前十大股东合计股份持有权比例仅仅为22.72%，如此分散的股权导致在二级市场花200亿元就能买下万科。为什么会有这样的股权结构？这要从王石的创业经历说起。

王石是中国最早一批创业者。1983年，32岁的王石走出深圳火车站，野心勃勃而又迷茫。在深圳绕了一圈后，他找到了第一个创业项目：为饲料公司供应玉米。这是一个利润奇高的生意，在那个紧缺经济时代，做贸易是很多人的选择。但刚刚

靠玉米生意有了第一桶金，王石的公司就差点破产。1983年8月，香港媒体报道：鸡饲料中发现致癌物质。一夜间，香港人不再吃鸡肉，珠三角出口香港的肉鸡也在瞬间失去了市场，饲养主不再购买饲料养鸡，饲料厂暂时停产。王石的畅销玉米也成了滞销货。与此同时，王石从东北定购的玉米正源源不断地运往深圳，很快仓库塞满了玉米包，站台也码满了玉米堆，装玉米的车皮仍在抵达，没地方卸货就临时甩在铁路直线上……

王石不得不带着20个雇来的民工打开麻袋，晾晒潮湿的玉米。那段时间他每天上午晾晒玉米，下午则开着小卡车，在方圆半径150公里的珠江三角洲地区推销玉米。和那个时代的许多创业者一样，王石最开始选择的商业模式是贸易，玉米之后他还做过消费电子商品。但很快，王石就认定左手进右手出的贸易公司没前途，并成立了以房地产为主业的万科。

万科后来成为中国最大的地产公司，但是王石成为中国最大的地产大亨了吗？没有，因为作为万科的创始人，王石没有万科的股份。1988年万科进行股改的时候他放弃了股权，以职业经理人身份留在万科，也就是为自己创立的公司打工。他后来说，这是为了“表明自己对财富的态度，也表明自己要和团队一起作为职业经理人，将万科打造成为现代优秀企业的自信”。

实际上，那个时代的民营公司为了能够稳定、快速地发展，大多在公司成立时背靠一家国有股东。但在公司做大后，股权与所有权就很难说得清楚，股份改制时很容易就被扣上“侵吞国有资产”的帽子。王石选择了自己离开，而不是冒险摘掉“红帽子”。

尽管王石一直是中国年薪最高的地产公司高管，近几年年薪均在千万元人民币左右，但福布斯中国富豪榜上其他地产公司老板的资产都是百亿美元量级。更重要的是，既然放弃了股权，将控股万科的可能交给市场，那么谁想要成为万科的大股东，就不是王石和他所带领的管理层所能左右的。过去十几年中，一旦有人在资本市场窥伺万科，王石和他的团队就会陷入一次危机。也就是说，万科与“野蛮人”的斗争是长期的，除了 2015 年年底，万科、宝能、安邦上演的“三国杀”，之前还有很多江湖大佬跑到万科“砸场子”。

王石跌宕起伏的人生经历对我的启发非常大，它让我在每一个人生的转折点上——跌落谷底或站在高处——自卑或自大的情绪最浓重的时候，还能够保有一丝冷静，扪心自问：“你的失败（成功）和王石当时的处境比，根本不算什么，要继续慎行，时刻保持拼搏之心。”大到一个城市，一个国家，小到每个人的人生都一定有起有落，创业的人生一定会经历至少三次大起大落，重要的是面对挫折的态度。

另外，王石在这方面其实也有自己的“偶像”。曾经有人问他：你最尊敬的企业家是谁？这位从深圳出发闯天下的创业者答道：褚时健，一个生于 1928 年的老人。

褚时健出生在一个农民家庭。1955 年 27 岁的褚时健担任云南玉溪地区行署人事科科长。31 岁时被打成右派，带着妻子和唯一的女儿下农场参加劳动改造。“文化大革命”结束后，1979

年，51 岁的褚时健接手玉溪卷烟厂，出任厂长。当时的玉溪卷烟厂是一家濒临倒闭的破烂小厂。经过褚时健和他的团队 18 年的艰苦努力，把当年濒临倒闭的玉溪卷烟厂打造成后来亚洲最大的卷烟厂，中国的名牌企业：红塔山集团。褚时健也成为中国烟草大王。

但褚时健没有在这个人生巅峰上停留太久，1999 年因为经济问题他被判无期徒刑（后来改判有期徒刑 17 年），那年的褚时健已经 71 岁。而且，他的妻子和女儿早在三年前已经先行入狱，唯一的女儿在狱中自杀身亡。

但褚时健的故事并没有画上句号。三年后，这位 74 岁的老人保外就医，经过几个月的调理后，在哀劳山上承包了 2400 亩荒地种橙子。王石闻讯后来探访他，褚时健穿着破圆领衫，戴着大墨镜和草帽兴致勃勃地谈论六年后橙子挂果的情景，给王石留下了毕生难忘的印象。后来王石说，他人生最大的震撼在哀劳山上！

几年后，褚时健种的冰糖脐橙上市，以“褚橙”品牌在全国销售，很快这位八旬老人身家过亿。而我认为更值得人敬仰的是，老人面对挫折不屈不挠的精神。也许就像我在王石身上感受创业者坚韧的生命力一样，褚时健也曾经像一捧满载智慧的泉水滋养过陷入低谷的王石。我认为这一种传承，“抱定青山不放松”的坚韧和绝地反弹的能力，在一代代创业者充满智慧的跌宕人生中被展现得淋漓尽致，进而影响后来人。

美国的巴顿将军有一句名言，“衡量一个人成功的标准，不是看这个人站在顶峰的时候，而是看这个人从顶峰跌落低谷之后的反弹力”。这句话王石一直挂在自己的办公室里。

坚韧力：成功者必然“九败一胜”，创业就是一场冒险

我曾经遇到一个很较真也很有意思的年轻人，他问我：“创业会失败，这个我们能接受，失败一次之后痛彻心扉、大彻大悟，看看前辈的血泪史然后爬起来接着干。但如果一个接一个的跟头摔下去，要怎么一次次地爬起来？”

这其实是一个特别有意义的问题，我记得自己当时回答的也特别慎重：“创业既不是一帆风顺的，也不是必然马到功成的。在这个过程中每个创业者都要时刻保持谨慎的心态，而且谨慎想的不应该是‘如何成功’，而是‘如何面对失败’。”

我们的前辈创业者将创业描述为“比难更难的事”一点都不为过，因为对于绝大多数创业者，创业一定会经历挫折，而且肯定不止一次。关键的问题是，摔倒了能不能爬起来，然后勇敢地迎接第二次、第三次“失败”。连续跌跟头、不断爬起来，创业人必然要经历“几起几落”。这是历史经验的高度总结，看看前辈们的经历，它们都在不断验证这个规律。

王石不容易，不过他仍然算得上是时代的幸运儿。我们这个时代还有另一批更引人瞩目的幸运儿，就是互联网创业大潮中因势而起的“知本英雄”。在“互联网 +”的光环下，2015 年这些企业家已经成为精英的代名词，马化腾、马云、李彦宏、

雷军……他们的知名度和影响力堪比一线的影视明星。

某种程度上，知本家的创业过程实际上比王石那一代人更为艰辛，因为互联网讲的是赢家通吃，一个领域只有一个霸主，其余的人都会成为“先烈”。因此，就算你有技术，有前瞻趋势的本事，互联网创业也风险极高。曾有一位北京的投资人告诉我，在北京中关村，这个中国互联网公司最重要的“大本营”，每年都会新诞生几千家公司，但是近几年这里的公司总数一直保持在两万家上下。为什么？因为每年同时还会死掉几千家公司。

公司“死掉”了，很多创业者选择重返大公司。这不能算是错，他们通过一次创业看清楚自己不适合创业，也有见识和智识上的收获。也有少部分人没有退却，而是另起炉灶从头再来，这就是我们通常所说的连续创业者。

美团网创始人王兴不算是互联网创业者里最有名的，当然他的经历肯定也不是连续创业者中最悲惨的，但他的故事是最典型的。王兴远比王石年轻，他 25 岁时开始创业，短短十几年经历了几起几落，说九败一胜不夸张。

25 岁之前的王兴可以说一帆风顺：1997 年从福建龙岩一中被保送上清华大学，毕业获得奖学金前往美国读书。2004 年初，25 岁的他中断了在美国特拉华大学电子与计算机工程系的博士学业，从美国回国创业。

最初的一年，王兴一口气做了几款产品，但这几个不成熟的产品全部无疾而终。这几个“练手”的产品失败，并未动摇他的创业热情，一年以后，他意识到做中国的Facebook可能是一个机会，也就是做校园社交产品，于是很快就有了他第一个被外界知道的产品，校内网。

这款产品确实取得了成功，不到一年时间就吸引了上百万用户。但是，王兴很快遇到了一个大问题，他没有钱了。怎么办？只能融资。

2006年的融资环境远不如2015年，尽管如此，在和投资人谈的时候，27岁的王兴还是觉得很有自信的资本——从全球最顶尖的象牙塔走出来，一年多时间，产品就有了可观的用户数量，所以他开出了几百万美元的价格。但投资人更关心王兴能不能赚钱。其实，王兴对怎么赚钱根本没想清楚，他的回答是可以做广告投放。投资人说，你这价钱开得不低啊；他回答，再等段时间，我们就更高了。

这里必须说一句，如果是在2015年，像王兴这样的团队很可能融到一大笔钱，“大众创业，万众创新”吸引了许多没有投资经验的投资人，甚至有人开玩笑说“新投资人比新创业者还多”。这些投资机构极富“互联网思维”，对于赢利模式也没有那么高的关注，说得不好听一点儿，就是在“盲投”。

2006年王兴没有拿到钱，投资人显然对于这个年轻的团队和他们的赢利预期都没有信心。这也难怪，大学生的消费能力很难支撑广告模式，而且这几个合伙人要么毫无工作经验，要么只工作了两三年，对市场运营和企业管理显然外行。

钱没有融到，王兴和他的团队只能在失望中坚持运营。就在这时，陈一舟来了，提出要收购校内网。陈一舟比王兴的团队年纪大一些，是中国互联网创业的元老级人物，这时他已经有了两次创业经验，而且手里有现金，准备进军校园社交市场。

2006年3月，校内网用户大概是百来万户，陈一舟开出了千万元的收购价格。这个看起来像是“上帝关上一扇门就会开一扇窗”的转折，让王兴和几个合伙人有了分歧，有人主张卖，有人愿意坚持。最后，王兴他们还是决定忍痛卖出校内网。

其实他们是幸运的，很多创业公司到头来是竹篮打水一场空，投入的金钱、精力和时间没有换来任何报酬。拿到钱后，王兴的两个合伙人决定去环游世界，而他自己留下来一边给陈一舟打工，一边继续考虑下一个产品。

一年半以后，王兴创办的社交网站海内网上线。这个网站的命运还不如校内。问题还是老问题——“社交网站靠什么吸引用户，以及靠什么赚钱”。年轻的王兴团队显然没能找到正确的答案。

一位异路同行者为他们揭晓了谜底，2008年3月，36岁的程炳皓从新浪离职，拿着全部个人积蓄300万元，带着五个人的技术团队，成立了开心网，这是国内第一家以办公室白领用户群体为主的社交网站。

开心网没有做广告，但无数白领被简单的种菜、偷菜、抢车位等小游戏吸引进来，用户数迅速增长，巅峰时注册用户数过亿。尽管王兴也预见到了职场社交这个领域的需求，但没有工作经验的他显然不如开心网团队对职业社交理解得深，尽管做得比开心网还要早几个月，但是在开心网上线后，海内网就没有机会了。

为什么投资人不看好2006年的王兴，为什么2007年底的王兴没有把海内网做成开心模式？实际上，王兴本人也好，他身边的创业伙伴也好，对市场的运营和推广没有成熟的思考。至于管理，他们的经验更是不足。

与校内网同一时期，王兴还重复了一次类似的失败：在新浪上线微博前，他做了一个类似的产品“饭否”，但由于微博类产品本身监管上的敏感性，这个网站一段时间被关闭。虽然后来“饭否”解决掉问题再次上线，但这时新浪微博已经大火，王兴又错过了这个市场。

从校内网到海内网再到“饭否”，每一次王兴都能够引领潮流，这可以说明他的眼光极准，也就是我们经常说的，是一个聪明人。但是，由于社会经验、阅历的欠缺，他每一次都没有把握住机会。

王兴的可贵之处在于屡败屡战。尽管一个项目一个项目的“死掉”，但他还是一个新项目接着一个新项目的尝试。

王兴真正算得上成功的产品是团购网站美团网。2010年初上线的美团网，到2015年1月，已经完成7亿美元融资，估值达到70亿美元。

实际上，团购网站远比社交网站更难把控，特别是市场竞争异常惨烈，王兴的美团和其他团购网站打了两年著名的“千团大战”。自2010年初第一家团购网站上线以来，一年后中国团购网站的数量已经超过了5000家。其中，不乏各大门户网站的加入，也有新生的团购网站，新浪、腾讯、开心网、人人网等平台型互联网公司也先后进入到团购领域，团购几乎已成为互联网公司的标配功能。

最终，95%以上的网站被“团灭”，美团网是这次大战为数不多的幸存者之一。可以说，前几次创业失败，正是王兴带领美团冲出红海的原因。一本分析王兴创业的书这样评价“千团大战”：创业有时候比拼的是谁犯的错误更少，用更少的钱活得更久。在校内网上，王兴吸取了教训，一定要给自己留下充足的资金，对现金流要有足够的重视。谨慎控制运营成本，美团网成为运营最健康的团购网站之一。

按照一般的认知来看，王兴真正成功的创业只有校内网和美团，但我认为海内网、“饭否”的失败经验同样重要。如果没有一次次的跌倒、试错，王兴可能还在摸索创业路上的一个个陷阱和迷惘。对于创业者来说，成熟并非指年龄的自然增长，而是在一次次的挫败中获得的经验累积。而面对一次次的挫败，只有拥有足够的坚韧力，才能成功地坚持下来。

冒险力：一夜放下成功，成功来自不怕失败

当然，谁都希望毕其功于一役，创出一份事业就能把它做成功。有没有这种情况呢？有，而且还成了世界首富。但我还是要在这里泼一盆冷水，他们在“打江山”之后的企业经营过

程中，也会遇到困难，而且艰辛程度不亚于在“打江山”时遇到的。所以，我认为比在困难中坚持更重要的是，在巅峰时的冷静思考和选择。

曾经的日本首富、优衣库的创始人柳井正，年轻时继承父业，并很快从一个小商社转型成为日本最大的快时尚连锁企业。靠着创新的“摇粒绒”服装，这次转型异常顺利。但真正让优衣库成为全球品牌的，是柳井正在这次成功后的努力。他曾出了一本名为《一胜九败》的自传。他在自传中写道：“世人把我看作成功者，我却不以为然，我的人生其实是一胜九败。如果说取得了一些成功，那也是不怕失败、不断挑战的结果。”

不怕失败，正是柳井正最大的优势。1984 年，他继承父业成为小郡商事的社长。那时候，正是日本社会奢华之风盛行之时，柳井正却将眼光对准了普通老百姓，决定主打廉价、日常服装的销售。同年 6 月 2 日，他在广岛开设了第一家“优衣库”专卖店。1991 年，柳井正将小郡商事改名为“快速销售”，并将它作为公司的宗旨，全力打造“时尚快餐”。

柳井正似乎非常风光，但他 2003 年把自传书名定为《一胜九败》，正因为在他看来，做十次新的尝试，注定会有九次失败，“一些成功的经营者甚至尝试一百次只有一次成功，经营本身就是错误尝试的累积，失败是家常便饭”。

优衣库开辟海外市场的过程就是一个广为流传的柳井正不服输的例子。当优衣库已征服日本后，柳井正并不满足，他开始将目光投向海外，在英国开设 21 家分店后，继而在美国也开了三家。

然而不出五年，美国三店悉数关门大吉，英国分店大部分也被关闭，只剩下几家惨淡经营。初次进军海外以一败涂地告终。不过这次挫折非但没有打击柳井正的雄心，反而激发他思考失败的原因。柳井正认为营销不到位，知名度还不够。

经过不断尝试、失败、重复和调整，2005 年优衣库再次启动海外扩张第二击，这次柳井正舍弃之前的市郊设店策略，改为主打五大洲主要城市人气旺盛的血拼热点，最终找到出路。优衣库一雪前耻，柳井正打了漂亮的一仗。

实际上，在顺利时如果因循守旧，企业接下来走下坡路是必然的。从 2002 年开始，也就是优衣库首次尝试国际化的前夕，其收益已经开始下滑。对于大公司来说，失去冒险精神才是最大的危机。认识到这一点的柳井正开始了优衣库的第二次创业。

柳井正的故事之所以广为流传，是因为很多人认为他冒险走国际路线这一招决定了他的首富地位，我认为，这中间最难能可贵的是“敢于拥抱失败”这种企业家必须具备的高贵品质。坐稳日本本土市场就能让柳井正继续高枕无忧，但他选择在高峰处保持机警，继续为自己寻找更高的山峰。在第一次尝试失败之后，从高处跌落之痛没有影响柳井正的判断，因为他还同时兼具坚韧力和反弹力。所以，我认为柳井正的首富之秘诀总结起来就是“三力”，即跌落谷底时不放弃，处于高处时不懈怠，以及做好打创业持久战的准备。

从以上的故事中，我想大家都能窥见创业过程的艰辛，以及中间遍布的陷阱和困惑。而这些穿行其中的创业者，有的已经成功，有的正在拼搏，而有的已经失败。无论处在哪种状态，我认为都需要谨慎、清醒，然后扪心自问自己是否能凭借反弹力在低谷时不放弃，凭借坚韧力在高处时不懈怠，凭借冒险力在高峰为自己找到另一个奋斗的新高度。

我们的人生是一段说长不长，说短不短的旅程，其中某一段的得志或失意都是人生的一部分，波峰波谷连在一起，才是波澜壮阔、跌宕起伏的人生路。创业亦是如此，一波三折、三起三落才是正常的规律。无论创业多么艰难，要摔多少跟头，只要在过程中保持警醒，无论顺境逆境都时刻记住反弹力、坚韧力、冒险力，那么创业的整个过程就是人生最重要的财富，而成功也将成为必然的结果。

结语

云雷，屯。君子以经纶。——《屯卦·象传》

《屯卦·象传》提到：本卦上卦为坎，下卦为震；坎为云为雨，震为雷，合为屯卦。君子由此领悟，要努力经营筹划自己的事业。

云在雷上，将雨未雨，表现出一种困难未通的景象，这就是《屯卦》的卦象。而君子观察到这一现象，认识到创业初期的艰难，因此更应该奋发有为，用心经营自己的事业。经纶，本指治丝之事，后引申为经营等义。

屯字，从字形上看，正是草木刚长出来的样子。上面的一横象征土地，底下弯钩像草根一样弯曲，因此象征草木初生，艰难地钻出土地，尚未伸展成形。《说文解字》中说："屯，难也，象草木之初生，屯然而难。"《屯卦》，意在突出事物初生时的艰难之象，然而顺应时运突破艰难的万物必欣欣向荣，故取名为"屯"。

《屯卦》的卦辞是：元亨利贞。勿用有攸往，利建侯。这说明事物正处于萌芽时期，趋势是上升的，前景是亨通的，适宜正固。但它毕竟还是新生的事物，过于柔弱，动荡不定，所以要爱护它，勿用它，不能急功近利。但是它又有向前迈进的动力，只要打好坚实的基础，就可以有所进往，建立事业。犹如一粒种子，破土而出，茁壮生长，前途不可限量。

因此，从《屯卦》来认识创业，特别是创业的初期是很有帮助的。而《屯卦》的六爻恰好也展示了创业中可能遇到的诸多问题。比如初九虽有徘徊不进之象，但只要有坚定正确的信念，能够保持谦卑的心态，与下属亲近，就可以大得民心，获得拥戴。小心谨慎，夯实基础，这是创始之初的行为原则。六二显示处于困境之中，一定要坚定不移，等待时机。六三就如同在创业过程中出现的诱惑和困扰，面对这样的情况，应该明辨是非，敢于取舍。六四则告诫我们要摸清情况，把握住机会。九五提醒创业者，不可冒进贪功，要量力而行，也要把福利与同伴和下属分享。上六则表明到了极点时需要改革变通，这样才有机会柳暗花明，否则就可能走向灭亡。

中国有句俗话叫“万事开头难”，无论做什么，创业之初总会遇到很多来自自身或外界的难题。《屯卦》就向我们展示了这种始生之难，并且告诉我们，面对艰难险阻，只要我们坚定信念，打好基础，勇于进取，克服纷扰，审时度势，把握机会，灵活变通，就一定可以收获成功。

第八章

投资经：适应新常态，不做乌合之众

可能是由于2015年的股市行情，再加上近期互联网金融产品越来越丰富，今年大家的投资热情格外高。很多过去没有理财投资经验的朋友现在也开始找人推荐合适的产品。

首先说，我不是要在这里讲投资机会。这类文章，只要百度一下，各大研究机构的年度投资策略尽在掌握。但是，任何市场都是多种因素混合作用的结果，翻看一下之前几年的投资策略就会发现，没有人能准确预测市场。

但我觉得2016年很适合谈谈投资，一般人最关注的投资方向一个是股市，一个是楼市。而中国的股市和楼市都刚刚经历了一轮大幅震荡。2015年，股市上半年一路狂奔，最后站上4500点的高位，其后又一路下滑酿成股灾。这种行情当然很难碰上，网上当时流传着一个段子：见识了千股涨停，又遇到千股跌停，此生进一趟股市，值了。

2016年上半年，换成楼市疯狂。一线城市楼市大幅增长，有些二线城市普通住宅投资看起来也颇有吸引力。

股市和楼市的疯狂都有很深刻的原因。但我想说的是，可以预见，对于普通人来说，2016年是个人投资非常困难的一年。市场充满诱惑，但同时也遍布了陷阱，作为普通百姓如何能够通过理财投资赚钱，而不是成为接盘侠，被人“薅羊毛”？

我想，除了学习和掌握各种理财知识，对于普通投资者，2016年投资心态的调整更加重要。我这里写了几条关于投资的基本原则，其实都是常识，但我觉得很适合2016年。在变幻莫测的市场中，我们能够把握的就是适应市场新常态，不做随大流的“乌合之众”。

投资是一辈子的事儿，不能只想短线

很多朋友做投资，特别喜欢做短线。当然了，一次成功实现财务自由，恐怕是每个人的终极理财梦想。有没有实现的可能？有的，确实有这样的案例，我身边就有一个这样的故事。

我有一个很年轻的朋友，在跨国公司做战略分析，他的职务名字是内部经济学家。这是一个很少见的职位，但是跨国公司对于新兴市场宏观形势的变化非常关注，尤其是总部在制定一个区域的战略时，必须将该地区的政治经济变化考虑进去。

简单地说，这位内部经济学家的工作类似于研究机构的宏观经济专家，平时的工作是定期为总部提供中国宏观经济的趋势和分析，因此他对于经济和市场都有比较深的理解。这位朋友虽然年轻，却性格稳重，他 2015 年年初的投资表现让大家刮目相看。

在 2015 年初的股市中，他是我所见到的最坚决也最大胆的“赌徒”，因为他卖了自己在一线城市的一所小房子，把所得资金全部投入股市，当时身边所有的人都被他的举动惊呆了，也确实有些为他担心。但这位经济学家很清醒，他并不贪，用他自己的话来说，在股市里“打个滚”就出来，结果他赌赢了。除了那套小房的本钱，他又赚到一套大房子。这个朋友其实之前并不炒股，不过他的工作对于宏观经济环境和大众投资心理都有比较深的了解，我想他的信心来自于对决策层政策预期以及大众投资者的心理判断。

当然了，2015 年年初的股市中，除了赢家的传奇，还有很多输家的悲剧。这里要讲的另一个故事，就让人悲伤，但也足以让人理解市场的非理性一面。2015 年年初，股市的疯狂大家肯定还记忆犹新，一直有种说法是“2015 年赚到钱的都是胆大的新股民”，因为老股民已经被惊呆了。这个说法不无道理。

2015 年 7 月，也就是股市开始下滑的一个多月后，突然传来一个让媒体和证券业震惊的消息：中国期货界传奇人物——逍遥刘强，于 7 月 22 日在北京华贸中心酒店顶楼平台跳楼自杀。据后来媒体报道，刘强是因为在股灾中在高位满仓做多期指和配资买股票，最终导致破产。更为严重的是，这次失败不仅让刘强遭受财务损失，更让他对自己的专业判断产生了强烈怀疑。

据称，刘强生前在一篇博文中称，此次股灾颠覆了他的很多投资原则，让他感到无所适从，甚至多次怀疑他自己是否还适合这个市场。

也就是说，作为一个专业投资人，这个市场他已经看不懂了，而对于市场的理解，恐怕是他此生最大的骄傲。他的朋友认为，这才是刘强纵身跳下高楼，放弃人生最根本的理由。

上面两个故事的共同点在于，两个人都做了一次孤注一掷的投资，换句话来说，也就是都在赌。每次一波行情过后，市场上可能经常会流传着关于上面讲的“经济学家”一类的故事，因为传奇故事本来就更受大众欢迎。

但我要说这类故事都只是特例。正如前面所说，太多因素影响着市场，很难说有人能够准确预测。2015 年上半年进入牛市后，6 月 15 日前加注配资未清场的投资人就是最好的失败例子。

2015 年的行情，老股民也难得一见。在这样“一生看一次也值了”的行情面前，再有经验的投资者，都有可能遭遇滑铁卢。

因此投机式的投资风险显而易见。长期来看，股市唯一能够确定的是一定有涨有跌，做好长线投资的心理准备，理性看待市场的起起伏伏，不要因为短暂的收获或损失失去理智。

风险来自杠杆

如今再回看2015年的股灾，股市由升转降的转折点是资金收紧。那时，在配资盘占比很高、杠杆率很高的背景下，监管机构对于场外配资高度关注，转折点是2015年6月12日，中国券业协会发布了《证券公司外部接入信息系统评估认证规范》，明确规定证券公司不得接入HOMS系统及任何电子交易系统。此后，监管部门开始清理场外配资、去杠杆，市场资金骤然趋紧。

对于股市来说，投资的真正风险来自于加杠杆，对于个人投资同样如此，这本来是一个简单得不能再简单的道理。但是，换个市场大家可能就忘在脑后了，没办法，以小搏大永远都是很大的诱惑。

都说2016年年初楼市疯狂，那么究竟疯狂到何种地步呢？估计很多人都有切身体会。“哎，你说我要不要去北京买套房呢？现在是不是合适的时机？”当身边的女同事都这样问我的时候，我就知道楼市已经成为2016年的投资热点。身处二线城市，要不要买房，也是2016年上半年各种聚会经常会聊起的一个话题。

虽然巴菲特“别人恐惧时我贪婪，别人贪婪时我恐惧”，早就已经在中国投资界成为格言。但是对于投资，一般人的心理是“追涨杀跌”，也就是“别人恐惧时比别人更恐惧，别人贪婪时比别人更贪婪”。说回楼市，2016年上半年我国重点城市的房价都有大幅上涨。其中一线城市的房价甚至可以称之为暴涨，以北京的房价为例，从 2015 年 9 月到 2016 年 2 月，短短半年时间里，均价爬升已超过 10%，个别地区甚至超过 50%，每平方米价格的涨幅过万。

这种房价走势又让很多人说看不懂。现在要怎么说北京、上海、深圳等一线城市的房价呢，有人将收入、房贷利率等因素综合计算之后，得出结论是中国一线城市的房价已经攀上全球顶峰，和纽约、巴黎、伦敦等大城市站到了一个阶层上。

且不说这样的计算是不是合理，但作为一种考量方式，让我们不得不思考，这样的楼市还有投资价值吗，或者说从投资的角度看，房价在近期还会上涨吗？这个问题同样没有答案。但实际上，除了中国的一线城市，全球其他大型城市的楼价都没有过类似的表现。同样有媒体做了一个横向对比，结果发现，除了 2008 年金融泡沫之前的几年，和北上广处于同一个阶层的纽约、巴黎等全球各大主要城市，近十年房价较为稳定，没有什么大的波动，未来也看不出有大幅上涨的苗头。

那么，这是不是说中国一线城市的房市已经出现泡沫，现在的购房者都是非理性的投资，楼市不再有投资价值呢？我也不这么认为，要说清楚这一点，先来看看近期发生的另外两件事。

第一件事，是香港大亨李嘉诚先生说中国一线房价没有泡沫，中国市场一向对于李嘉诚的说法做法颇为看重，所以这个话一出，立即引起大家的关注；第二件事，是在房价暴涨的背景下，央行开始严查首付贷，这似乎又让我们看到了杠杆以及资金收紧的苗头。

2016年3月，李嘉诚在香港接受内地记者关于楼市的提问。他大方认为，虽然内地一线城市房价近几个月来出现暴涨，部分天价楼盘甚至有赶超香港的趋势，但李嘉诚表示自己从事房地产行业多年，并不觉得内地一线城市楼价上涨“太厉害”，深圳可能的确有一两个楼盘出现暴涨，但从整体来看，一线城市出现上涨是与内地政府近期的一些刺激措施有关，楼价涨幅尚不到两位数，不存在泡沫。

涨得让人看不懂，还没有泡沫？李嘉诚的说法只是一种客气的社交辞令吗？其实从需求决定价格的角度，我也支持李嘉诚的看法。首先我们必须明确的一点是，李嘉诚说的是内地一线城市房价，也就是说北京、上海、广州等几个少数大城市，由此可以看出，李先生的确对于内地市场有着非常深入的理解。由于中国城市的资源配置一直以行政级别为主要依据，所以中国几个少数大城市占有了其他城市无法企及的大部分国家资源。因此，这些城市也成为各大公司以及多数商业精英的聚集地。一个简单的例子是，许多我们熟悉的大型跨国公司，总部都在一个普通的小镇。例如丰田汽车已经是全球最大的汽车公司，但这家公司总部设在日本爱知县丰田市；沃尔沃汽车，瑞典哥德堡，人口只有90万。但是，无论是跨国公司的中国总部，还是中国公司，绝大多数都将总部设在一线城市。

人和钱两大资源向大城市集中，反映到楼市上，就是中国一线城市的房市需求一直在稳定增长。因此，只要这个趋势不变，泡沫一说也就无从谈起。

另外一件事，则是央行严查首付贷。一位朋友告诉我，他本来已经买了一套房子，支付了首付，马上要和银行签署贷款协议。但是，银行却突然让他证明自己首付的资金来源。也就是说，他要向银行证明，自己买房的首付款是自己的钱，而不是向其他金融机构借来的。

这个朋友感觉十分郁闷，他的钱确实是自己的，而且，他甚至没有听说过首付贷这种东西。他是因为看好北京房价走势，所以决定买一套保值，而且，儿子大学毕业后也想留在北京工作，可以说是一举两得。

实际上，贷款银行正是在执行央行的决定。在 2016 年 3 月召开的“两会”上，央行副行长潘功胜在记者会上明确表示，房地产中介机构、房地产开发企业自办的金融业务，或者与 P2P 平台合作开展的金融业务，没有相应资质属于违法经营，央行将对此进行清理整顿。这是媒体集中曝光 P2P 平台“首付贷”业务后，来自监管最严厉而且明确的表态。也有一种说法是，由此拉开了清理房地产产业链上无序“加杠杆”的帷幕。

这也就是说，有很多购房者的首付，都不是自己支付的，而是通过一种叫“首付贷”的产品，从金融服务机构那里借来的，这种杠杆比例已经超过了当时证监机构严查的股市。而且，过高的杠杆确是真正的风险。例如，房价就算不会下跌，但如果房价的增长低于利息，那这笔投资就不划算。更不用说，对于多数人来说月供负担本身已经十分沉重。

而且，正如上面所说，中国城市资源配置并非均匀，每个城市楼市的走势大不一样。何况，就算在一个城市中，楼市均价并不具有普遍性，有许多因素影响着每个楼盘的价格。比如，楼盘的位置是否位于市中心、临湖面海等，是不是学区房、交通是否便利等。因此，也就很难说，那些用首付贷支付楼盘首付的购房者，投资的风险究竟有多大。

也有些身边的朋友对我说，大家敢于零首付买房是出于对人民币贬值的预期。人民币贬值忧虑也是由来已久，由于担心中国实体经济疲软，2015 年年初股市正火时，就有一位朋友说，他没有买股票，而是把自己一半的存款，换成了美元。他 2016 年说，还想换点欧元，只是欧元区不够稳定，他还要等等看。

我不想在这里讨论人民币的升值或贬值的可能性。那些押宝贬值的人可能会说，预言有的时候甚至可能会自我实现。正是出于和我身边朋友同样的考虑，从 2015 年开始，中国的出口企业更愿意持有外币，因此没有结汇。这是中国外汇储备在 2015 年下降的主要原因。

2016 年年初，中国人民银行行长周小川在接受媒体采访时认为，人民币在贬值一段时间后，还会进入升值周期。出口企业都要正常经营，如果不结汇，将外币存在银行，就只能向银行贷款，也就是向银行借人民币。如果人民币的贬值速度小于人民币的贷款利率与外汇的存款利率之差，不结汇就不合算。因此，实际上，当外汇储备不再减少，并再次上升后，人民币的升值预期就会出现。

还是那句话，影响市场的因素实在太多，包括政治政策变化、国内国外的经济形势、社会大众的投资心理等，一个普通投资者实在难以准确预测，量力而为方为上策。

适应新常态，先从心态开始

政策因素在中国各个市场都特别重要，一点风吹草动都会引发市场震荡，这也就是为什么经常有人说中国股市是“政策市”。2015 年引发股灾的，正是股市资金配资盘占比很高、杠杆率很高的背景下，监管部门收紧资金开始的。

但中国式机会往往也由政策带来。过去三十多年，改革开放持续释放出巨大红利，让中国成为一个充满机会的市场。对于跨国公司如此，例如德国的大众汽车，由于早期坚定地进入中国市场，并且率先完成了本土化生产，让领先优势保持了二十多年。对于中国普通投资者同样如此，例如上文故事中的那位经济学家。只要跟对了政策的节奏，就能跟着市场的脚步，也就能够获得超额回报。就以 2015 年的 A 股为例，如果你在 2014 年年底进场，并于 2015 年 6 月前离场，确实能够赚到高额回报。

这也带来了部分人对于市场的投机心理。因此，就算 2016 年市场进入震荡期，“抄底”仍然是颇为普遍的市场心态。无论做什么投资，都期待能够获得超额的高回报，这可能也是中国经济高速发展带来的副产品，因为我们亲眼所见的“机会碰撞式”成功太多。

过去 30 年，每个阶段都曾出现过“抄底”机会。如果你在 30 年前，像柳传志那样去办公司，“承包”一个“国营”工厂，那么很有可能在几年内就成为当地知名企业家；如果你在十几年前，向银行贷款买几套房产，那么如今你的资产已经翻了几倍甚至十几倍。

过去 30 年，在每一个阶段，我们都不断地听到、亲眼看到周围有人实现了这种“跨越式”的成功。但其实每一个阶段，能够抓住机会的都是少数的幸运儿，只是对于普通百姓的心理冲击却具有普遍性。“机会碰撞式”的成功，我相信这种机会今天仍然有，例如创业，最近几年每年都有很多创业公司的估值过十亿元、百亿元，也顺带造就出一大批 80 后甚至 90 后亿万富翁。

但是在理财领域，可能我们要习惯于“新常态”。我并不是说理财市场完全不可能出现暴利的可能性，而是首先要从心态上去适应中国经济告别高速增长的“新常态”，因为无论是 A 股也好，其他理财产品也好，都不可能脱离实体经济这个大背景。

如果不再期待翻倍的回报，且资金不那么充裕，那么就可以去选择市场上比较稳定、低风险的理财产品。实际上，不再有暴涨暴跌才是理财市场的常态。难以想象什么样的市场，会经常性出现翻倍回报的暴利产品。因为所谓常态，实际上是正常状态。新常态，就是经过一段不正常状态后重新恢复正常状态。

中国经济过去30年的高速发展，不要说在中国历史上，就是放眼全球也绝无仅有，稳定的发展速度才是常态，这也就是新常态。同样的道理，正常的股市也不可能出现长期牛市。我们要在心理上做好准备，更多地相信基本面、相信规律性，而不是期待妖股妖市。

拿出些钱来投资自己

我有一位同事，是位未婚年轻女孩子，她每年都要拿出工资相当一部分，买名牌包和衣服。前几年趁自己出国时采购，或者委托去国外出差的朋友，近两年则开始海淘。有时会有人问她，把辛苦赚来的工资花在服饰上面，会不会觉得浪费，她很镇静地说，我是未婚女人，这都是合理投资，变得更漂亮才能让自己增值。

先不管她这种投资的回报究竟如何，但对于年轻人来说，每年留出一笔预算投资在自己身上，单就这一点我表示赞同，当然这种投资不能仅限于买衣服买包。

对于年轻人来说，甚至可以说自己才是最好的投资理财产品。投资理财近几年已经成为潮流，不要说成年人，甚至有些初中生、高中生也有自己的账户，让爸爸妈妈帮忙买股票。特别是这两年互联网金融产品越来越多，更带动起年轻人的理财热，我身边有些年轻人，大多能够找到一些回报不错的新的金融产品，他们时不时就会在手机上刷P2P应用寻找项目或者查看收益。

有理财概念和能力，这当然是一件好事，但我想说的是，对于年轻人来说，如果能够在职场快速成长，相信每年的工资增长要远高于各种理财产品的回报（毕竟大多数靠谱的理财产品回报率都只有 10% 上下）。

年轻人最好的投资是投资自己，但是要从哪里做起呢？我自己的经验是和理财一样，投资自己也需要规划，当然方式因人而异。公司的高级经理人，可以选择一门 MBA 课程，虽然一般来说费用不菲，但这种课程确实能够扩展眼界和资源。

总之，投资自己方法有很多种，留心之处必有所得。以下列出的只是几个简单的方法和原则。

让自己有一个健康的体魄。当然了，我们一直说身体是革命的本钱。这种投资包括定期体检，为自己办一张健身卡，其实健身的投资并不需要金钱，最重要的是坚持。还有就是要有好的生活习惯，如果生活不规律，没有足够的睡眠，健康无从谈起。早点儿上床，睡前不刷手机，这都不需要投资，如果觉得睡眠太重要，买一套好的床上用品也是很实用的投资。

亲情永远比友情重要。没有什么关系是一成不变的，你不去维护就会下滑。亲情也是如此，许多人都忽略了自己。以年轻人的父母关系为例，实际上要将这种关系处理好还是有一定难度的，首先是时间上的投入，父母其实需要子女的陪伴，但子女的时间有限，确实要安排好才能够两全其美。金钱方面量力而为，我的建议是，可以买一些科技产品，让父母能够跟上这个时代，比如一款适合老年人的智能手机，一部用来看新闻的平板电脑等。

搭建起自己的人脉关系。初入职场的人，除了学习充电，更重要的是搭建起自己在行业内的人脉关系网。要知道，决定你未来职业前途的，不仅仅是自己的专业能力，更重要的是你的人脉。这是一个更大的话题，我们后面有专门的章节讨论。这种事要提前去做，因此，就算每周抽出时间和职场前辈吃饭也会大有收益，而这笔费用可以在年初就划拨出来。

投资于自己的爱情。不要以为爱情是理所当然的，或者能够从天而降，如果真是这样，就不会有那么多婚恋网站了。就像前面那种女孩子所说的，无论是得到爱情还是维持爱情，都需要付出。在爱情上投资的收获远大于其他，最大的成功是能让你收获一个相伴一生的伴侣；就算失败，在爱情中的付出亦是宝贵的历练，能够让你成长。

多读几本书。关于读书的重要性，实在难以用言语形容。最近高晓松说的一句话很流行，“生活不仅有眼前的苟且，还有诗和远方”，我觉得应该换一种说法，“生活不仅是眼前的忙碌，还有阅读和音乐”。读书能够让你进入远方的生活，得到前人的智慧，做人做事的方法论和工具箱，最重要的是，能够让你远离眼前的生活，获得内心世界的平静。读书的金钱投入真是低到可以忽略不计，重要的是如何选书，这方面网上有很多文章介绍，可以找来看看。总之，时间才是读书最大的投入。

准备一个工具箱。我有一位朋友，他随时都在准备工作总结，反正只要有时间，他就拿出一张纸写写画画，他说领导随时问到情况，他都能把近期工作有条理地做个汇报。这是一个很有用的方法。类似的东西还包括有名的电梯演讲，就是准备一个一分钟的发言，在一分钟内将你要讲的东西，完整完美地表达出来。有时候，我们会羡慕那些在突发时刻表现完美的朋友，其实平时有所准备才最重要。我将其称之为工作上的工具箱，这个工具箱要分分类，上层可以是你最有可能遇到的情境，包括随时的工作汇报，近期小规划等，下面一层、二层可以是中期、远期的计划，但总之，你要有一个这样的工具箱。

培养几个爱好。让自己成为有内容的人，这一点很重要，无论是对自己的生活，还是搭建人脉网。比如说，你可以学习一项或几项运动。除了有助健康、释放压力外，在职场上也会带来意外收获。此前曾有一种说法是，每个圈子都有自己的运动，老干部们喜欢打乒乓球，金融圈喜欢网球，娱乐圈喜欢高尔夫。你可以根据自己的需求，去发展自己的运动长项。当然，我们也可以选择更大众的运动。2015 年开始，跑步成为风潮，我有一位朋友说，自己公司的公关逼着他去和员工以及媒体的朋友一起跑步。他的收获是腰围小了一圈，以及结识了许多新朋友，包括公司内外的。

加入一个小圈子。俗话说，物以类聚，人以群分。我们都需要找到自己的小圈子，这种圈子可以很高端。例如，一百多年来，国外的常青藤盟校大多流行“兄弟会”等秘密小集会，因为这种小组织能把这些精英们更紧密地联系在一起。不是常青藤校友也没关系，其实能够划分人群的标准有很多，除了校友、战友等比较“铁”的关系，还有一些容易忽略的联系。比如，都在同一个单位工作过的前同事，某一个大型项目的前组员等，只要有人组织，都可以成为一个小圈子。现在，有了社交软件，这种关系就更容易建立，你可以随时在微信中建一个群组，把大家组织起来。

结语

泽中有雷，随。君子以向晦入宴息。——《随卦·象传》

《随卦》的象辞说：本卦下卦为震，上卦为兑；震为雷，兑为泽；大泽中有雷潜伏，是随卦的卦象。君子观此卦象，取法于随天时而沉寂的雷声，到晚上了就入室休息。

《随卦》的卦象是泽中有雷。雷怎么会藏在沼泽中呢？原来，古人通过细致的观察，发现阴历二月当春雷响过后，动物就从蛰伏中惊醒，万物复苏，蓬勃生长。到了阴历八月后，便没有雷声了，动物又开始准备冬眠。由于此时沼泽地里也会发出一种声音，所以人们便认为雷到了秋天便藏到了沼泽地里。

君子观此卦象，就懂得了随时之义，认识到应该张弛有道，把无为与有为有机地结合起来。白天奋发图强，到晚上就安心地入室宴息。

从《随卦》的卦象中可以看出随时而动的含义。而震卦代表动，兑卦代表喜悦，所以还有随着喜悦而动，追随喜悦的含义。因此，《随卦》给人的主要启示就是：明察时势，随时变通，人要顺势而为，也就是顺应自然规律办事。比如“日出而作，日落而息”，白天你就去做事情，到晚上了你就回屋里睡觉去，就这么简单。

我们再来看一下《随卦》的爻辞有什么具体的指示。首先，初九提醒我们，在开始就要改变思维观念，只有改变了思维观念，才能择善而从。而且，还要动起来，走出门去，追随他人，要胸襟开阔。六二警示我们，不要因小失大。当鱼和熊掌二者不可得兼时，如果选择错误，就会捡了芝麻，丢了西瓜。六三和六二正相反，说明这次的选择是对的，是捡了西瓜丢了芝麻。由此可见随从的对象很重要了，选对了追随的对象，也就收获了成功。九四是说追随有了收获，也可能得意忘形带来灾祸，这时就应该心存诚信，不违正道。九五是《随卦》中最重要的一爻，以中正、诚信的美德去处事，就可以得到众人的追随。上六居一卦之尽头，像人处于穷困的境地，这个时候也必须安时处顺，才能保全自己。

联系到我们本章的内容来看，我们要从心态上去适应中国经济告别高速增长的“新常态”。这就是一种随时而动。在市场波动起伏大、不稳定的情况下，要学会观察投资环境的变化，谨慎投资。同时也不要固执己见，而是应该多听听长辈及朋友的建议，多寻求他人的协助，集结众人的智慧，这样才可以避免一些挫折。同时，多充实自己，让自己能够与时俱进，跟上时代的步伐。正如，《随卦》的彖辞所说：天下随时，随时之义大矣哉！

第九章 成功的企业，成功的老板，成功的员工

最近几年是中国市场经济逐步走向成熟的关键年头，有关企业成长、企业问题，乃至员工问题的社会新闻常常占据报首。中国改革开放将近四十年，不断涌现出紧跟市场脚步、勇于创新的优秀民营企业；与此同时，曾经的庞然大物——国企也在“大象必须跳舞”的种种倒逼机制下，慢慢学习市场的玩法。我们很幸运地参与到了这个必然风起云涌的过程中，和国家、企业以及身边人一起感受属于这段历史的激荡。

作为职场中的一分子，除了在政府机关、事业单位任职，其他大多数是企业中的一员。有人做了私企老板，有人做了旗下员工；有人做了国企领导，有人是普通的国企员工。打破大锅饭，让“如何将企业管理好”“如何做一名好员工，进而得到上级赏识”等问题变得越来越重要，再之后，企业管理、职场鸡汤等文章成为热点读物。

经济管理类图书在中国一直都是有市场的，20 世纪 90 年代乘着纸张漂洋过海而来的管理大师彼得·德鲁克、松下幸之助，还有之后的稻盛和夫等在中国也有相当一部分拥趸，我本人也喜欢在平时拜读这些大师的著作。不过说起企业管理，我更喜欢从做人哲学的角度来阐释，联系我这些年在工作中的一点感悟，和大家聊一聊如何成为一名好的员工，好的管理者，甚至成就一家好企业。

什么是成功的员工？

每一个初入职场的人肯定都希望自己能够做得好，然后被上司赏识，进而得到提升。但职场是复杂的，这里面除了有公司章程、做事原则，还有很多人际关系需要维护，对于 20 岁出头的年轻人来说，要做好这些是不容易的。这么复杂的问题，有没有解决方法呢？有！我叫它“六心法则”。

第一点，一定要“用心”，也就是责任感。曾经有一个非常经典的面试段子：面试官故意在面试的会议室门后放一把倒了的扫把，每一个面试的人在进房间关门的时候都会看到，但只有一个人弯下腰把扫把扶了起来，最后面试官就录取了他。这是为什么呢？小细节说明，这个人是用心在观察周围事物，并且在下意识地表现出很负责任，没有因为不是自己碰倒的扫把，就不捡起来。而且我建议各位职场中人，无论你身处何种位置，都应该时刻用心工作，认真对待自己的工作内容，这对于老板来说，是你有责任感的表现。

第二点，一定要“细心”，也就是执行力。我们的领导或者老板常常是突然灵机一动，有了一个很好的点子，下面的人就要把这个只是雏形的点子变成具体的方案，并且贯彻执行，让老板的点子最终落地。在这个过程中，你需要面面俱到，多方面思虑，把整个方案设计得尽量完善。但在执行的过程中，肯定会出现意想不到的情形，怎么办？还是要用心、细心地把问题处理好。记住，尽自己最大努力的人，不管结果如何，大多数明理的老板都会信任你的。

第三点，一定要有“耐心”，也就是抗压性。从工作本身来说，即使做到 100% 的用心和细心，事情可能因为其他原因最终还是不能尽善尽美，这个时候你能不能承受付出和收获不成正比的内心压力？能不能快速调整心态，继续耐心地应对其他工作。另外一种可能，你非常完美地完成了老板交代的任务，在获得老板赏识和信任的同时，你能不能承受住来自同事的嫉妒之心？当遭遇因周围人嫉妒而产生的打击时，你能不能耐下心来，忍住脾气，继续踏实干活儿。

企业界的朋友，经常称赞这种“三心”牌的部属。说什么一生当中，若能遇见这样用心、细心、耐心三心俱备的员工，真是三生有幸。曾仕强老师说，如果再加上“愿意追随这样的老板”，以及“无意踩在老板的肩膀求跨越”，成为“三心二意”好干部，那才是人见人爱、人见人羡的栋梁之才。

第四点，一定要“虚心”，也叫学习力。古人说：“满招损，谦受益”。当领导、年长的平级真诚地向你指正错误，或者给予教导的时候，一定要虚心听取，表示谦恭。要明白，领导教训你，说明把你当作可用之才，愿意花时间培养。如果始终对你客客气气好像外人，那才是最麻烦的。平时面对平级的人，或者职位比你低的人，也要表现出谦逊的一面，给人一种高素质的表现。

当我们在工作中遇到自己不懂的东西时，一定要虚心向懂的人请教。知之为知之，不知为不知。一定不要“打肿脸充胖子”假装自己懂，之后被人拆穿会更尴尬。当领导、老板向我们交代任务时，如果你听不懂其中的一些话，即使不敢当面向领导求教，之后也要向其他人询问清楚，否则稀里糊涂去做事，肯定会出问题；平级的人、比你职位低的人和你谈工作时，遇到不明白的地方，即使不好意思当面问，也要事后去弄明白。

实际上，对所有人谦让，也是最为安全的态度。寒山问拾得：“世间有人谤我、欺我、辱我、笑我、轻我、贱我、恶我、骗我、如何处治乎？”拾得回答：“只是忍他、让他、由他、避他、耐他、敬他、不要理他，再待几年你且看他。”不自傲的人，老板才会放心提拔。

第五点，一定要“忠心”，这也会让你对企业产生归属感。有些人对工作三心二意，对企业没有忠诚感，表现在很多小细节里。不要觉得老板或上级不会发现，这就好像站在讲台上的监考老师，你们的小动作都看在眼里。换位思考，如果你底下的员工对待工作三心二意，面对其他公司来挖角就动摇，谁会把重要职位或者晋升的机会留给你？我最近发现很多人在工作中都缺乏安全感，其实只要你忠心、踏实地做事，安全感和对企业的归属感自然就会形成。

最后一点，一定要“诚心”，这表现为领导能力。现在都讲究团队协作，平时在工作中，一定要和同事搞好关系，关怀身边的人，也就是有个好人缘。当上司打算提携下属的时候，发现你的话能够服众，你做事有人愿意支持，自然对你另眼相看。

另外，我还想强调一些一般的道理。做人要勤劳，不管你是务农，还是在企业工作，这都是一个硬道理。中华民族是全世界最勤劳的民族，这是每个中国人身上都具有的一种品质，一定要把它发扬出来。

做人要讲信用，信用是我们的第二生命。无论你在什么年纪，在做什么，其实做事的本质就是做人，你做人讲诚信，别人都信任你的话，才会愿意和你有更深的交往，否则和你说话都是浪费时间。

不要因为出身不好而自卑，或者自怨自艾。我们这个时代确实存在“拼爹”等问题，但是“寒门贵子”的机会窗口还是有的。现在一些年轻人觉得自己晋升得不如别人快，就把理由定在自己出身低上，这是给自己找的借口。我们的社会在进步，自立自强的人总会有出头之日。其实很多世界级名人都是苦出身，“吃得苦中苦，方为人上人”，小时候吃苦对一个人的成长其实是有促进作用的。

什么是成功的老板?

一些人经过一段时间的奋斗，慢慢进入管理层，就要学习如何管理他人，如何运营好企业。这方面的书非常多，我之前提到的几位管理学大师的专著在中国卖得都很好。我在这里想结合中国传统文化中蕴藏的智慧，总结出一些管理企业、管理下属等方面的要点。

从普通员工中脱颖而出之后，第一个改变就是从当初被面试的人，变成了面试别人的人，为什么？因为你需要有自己的团队，自己的下属，这些人才是你以后谋求更大成就的基础。在这个过程里，你需要懂得识人。挑什么样的人做自己的下属最合适？

首先，必须在第一眼，也就是从对方的外貌细节上看出这个人的特质，这叫“观人术”。都说“人不可貌相”，指的是不能以容貌取人，我在这里指的是从一个人的外在表现，看他的内在才识。外在表现包含精气神、言行、行坐姿态、衣着整洁等，一个人来面试，还没开口，你就能从这些细节里做一个最直观的判断。不要觉得这是以偏概全，试想想看，如果招聘的是业务员，他在外出跑客户的时候展现的是整个企业的形象，客户第一眼看上去觉得这个人精神、有活力、有干劲，对整个企业也是有帮助的。

第一眼印象分打完之后，进入眼神、话语等沟通环节。这时就需要见微知著，比如询问一些对方比较棘手的问题时，他是突然紧张、东张西望，还是气定神闲地处理问题，前者往往是个拿不定主意的人，而后者则是个临危不乱的人。对这些细节的观察和判断其实也需要一定时间的积累，这就是为什么我们说会计、人事等岗位上的人做的时间越久，资历越深。

接着进入第三个看人环节，透过现象看本质。新员工进入公司一段时间后，内在的品行满满显露出来。很多人的外在表现非常相似，但其实内在性情和能力是完全不同的。比如王莽和诸葛亮，他们在才能上有很多相似之处，但前者背叛朝廷，让全国陷入混乱，而后者则是鞠躬尽瘁。如何分辨谁是王莽、谁是诸葛亮呢？可以进一步观察这个人周围的人是什么样的品性，都说物以类聚，人以群分，透过他的“圈子”看这个人的本质。

最后一步，为自己筛选出最终合适的人才。从前几步的甄别中，你基本能够发现一些基本素质很好的员工，接下来就是在一定时间的工作接触中，找到在才干方面满足自己需求的人。应该招揽什么样的人到自己手下呢？我认为应该选择全才。我们这个社会越来越讲究“术业有专攻”，每个人只要把分工协作中自己的部分做好就可以了，但是这样的偏才往往眼界有局限性，总是困在自己的小圈子里，很容易养成不思进取、刚愎自用的问题。全才因为视野更宽，知道很多其他相关领域的消息，不仅能时刻发现自己的不足，还能进行持续性学习。

但请注意一点，不管是偏才还是全才，最好是一个平静、本分的人。我们在商业洽谈中经常会遇到各种状况和陷阱，一个很有表现欲，或者说很爱说话的人往往会在言谈中暴露出自己这方的罩门，让对方抓住之后作为攻击的目标。中国古话说“宁静以致远”，一动不如一静，沉着冷静随机应变的下属会是那个仔细聆听对方错误的人。

关于如何识人我就说到这里，一个领导必须要做到的是识人善任，把合适的人找到之后，就要思考如何高效地利用起来。“贤明的领导者，只有具备知才、觅才、聘才、任才、留才、育才、用才和尽才的本领，才称得上真正会用人。”

团队里的人找到后，下一步就是打造团队。我认为一个领导者最大的成就不是完成几个项目，而是拥有一支高效、团结、忠诚的队伍。否则即使招揽来一众牛人，各个之间无法形成协作关系，领导还是光杆司令一个，还会被冠上“御下不利”的帽子。我们古人留下的经典例子有很多，西汉开国皇帝刘邦自己只是个小小的地方官吏，但因为能够集结张良、萧何、韩信等名将，并且获得他们的拥戴，最终成为汉朝的开国皇帝。明朝开国皇帝朱元璋和他类似，出身甚至不如刘邦，但因为有徐达、常遇春、蓝玉、邓愈、冯胜、傅友德等手下大将的支持，打败同一时期比自己实力更强的陈友谅、张士诚，最终问鼎中原。这样的例子简直不胜枚举。

那么，如何打造一支出色的团队呢？在这里，我想借鉴曾仕强老师说过的一个非常有意思的说法——用三国刘备储备人才、打造团队的例子来说明。

第一招：化！

刘备结识了关羽和张飞二人，认为他们是打天下强有力的帮手。于是，在经过了一段深入的促膝长谈后，三人结为生死兄弟，从此成为一家人，为以后的三分天下打下了坚实的基础。这个，就是“化外人为家人”，是核心团队建设的第一步。

现代社会经营公司的道理也是一样：化员工为家人。不一定要结拜兄弟，老板要先从内心开始，真心把员工视作家人，然后再真诚地去关心他们。中国人非常讲究人情，员工感受到你的真心，他们的心就被你关住了。

第二招：天下！

刘备三顾茅庐请诸葛亮下山，诸葛亮开始不答应。刘备一句话把他说动了：“先生若不下山，天下苍生怎么办？”诸葛亮感动得掉眼泪。心系天下，还有什么样的人才不为你马首是瞻呢？当然，这也与刘备前期三顾茅庐的诚意是分不开的。

现代社会，每年应聘的人很多，但真正有用的人才非常少。碰到真正高明的人，老板还是要抱着刘备的心态去“三顾茅庐”，不能对任何人都是招之即来，挥之即去。我们今天常听到这样一句话：“你做做看，做不好就换人。”说这种话的人是得不到人才的。

一般员工可以招聘；基层干部可以面谈、面试；中高层管理人才要从侧面去打听，然后亲自去拜访；而那些非常高明的人，恐怕还是得三顾茅庐。因为出不出来是一回事，出来以后能不能尽心尽力才是关键。由此可见，刘备是个相当聪明的领导。

第三招：情理法！

其实情理法就是天、人、地三才。所有的公司，不管规模多大，不管从事什么行业，人事上面都可以分成三层：高层代表天，基层代表地，中间干部就代表人。天，只讲情，所以老板一定要做好人，不能做坏人；地，是守法的，基层一定要有规矩，不能有弹性；只有干部扮演人，天好做，地好做，人最难做，他要求合理。所有依法办理都是基层会做的事情，依法办不通的，就得找干部。

这里面，坦白说中层干部是最难做的，既要能管理下属，处理他们处理不来的问题，以及他们自身出现的问题；又要接受上级的指令，顺利完成上级的指示。承上启下的润滑剂，不是那么容易做的。但如果经受住这个阶段的历练，那么你就上升到了老总级别。

老总级别的人又需要什么样的修为呢？我在上面提到老板是“天”，讲情，指的是老总级别的人不能再像中层干部那样，什么事都亲力亲为，什么人都要管上一管。老总应该做的是通过设计组织架构、公司章程等把做事的规矩定好，通过做事来约束底下的人，同时安抚他们，让员工们好好为公司做事。中国有句古话“敬人者人恒敬之”，如果老总能够礼贤下士，总是以尊重、肯定的态度激励他们做事，那么“士为知己者死”，手下人因感激知遇之恩也会努力为你做事。如果老总总是在细枝末节上对下面的人管东管西，他们就会觉得你不信任、不尊重，带着负面情绪工作的结果往往都不会太好。

老总平时需要安抚哪些人的情绪呢？第一类人，就是你的合伙人，或者股东。一个公司如果顶层老总内讧，这个公司基本就分崩离析了。第二类人，你的员工，以德服人、用制度管束人等我在上面已经说得很清楚了。第三类，公司的客户，不管公司内部出现任何问题，都要在客户面前表现出最好的一面，否则公司一旦没有生意，立刻就会出现危机。第四，社会大众，也就是说培养企业的形象和声誉。一家热心公益的企业和一家整天排放有毒废弃物的企业，他们在社会大众的心中地位是不一样的，这样的印象可能短期内不会影响到企业运营，但是长期的危害是非常大的。

什么是成功的企业？

什么是好的企业？企业内外，大家都说好的才是好企业。如何成为一个好企业？注重企业文化，以德服人。

在中国的传统文化中，重农抑商的思维几乎贯穿了封建社会始终，这使得商行、商人一直被歧视，大家潜移默化地认为商业是一个低贱的行业，甚至有人引用《论语》里的话：“君子喻于义，小人喻于利（修养好的人乐于追求义理，修养较差的人乐于追求利益)”来暗指商人、商业因为重利所以是小人之流。

小人是无法得到别人的尊重的，那么企业是不是从本质上来说，就不可能被别人称赞呢？当然不是！对“义利之辨”的误读，是对商业发展的绑架，让经商的人不敢轻易谈利益，好像一谈就会变成小人。孔子认为一个人如果一味追求利益，必然会招致许多怨恨；政府顺应民众的期望而给予利益，是一种美德（因民之所利而利之，斯不亦惠而不费乎）。孔子反对的只是不合乎道义的“利”，当利益被用来维护正统的时候，是要施以鼓励的。用曾仕强老师的话说，前者的代表是“不义而富且贵，于我如浮云”，后者的陈述，则为“富而可求也，虽执鞭之士吾亦为之”。

由此看来，企业只要是为追求道义而进行商业行为，是值得称赞的。说得再明白些就是，企业在内注重企业文化，在外注重社会责任，那么就能成为一个好企业。追求利益只是一个中性词，如果你追求的是光明正大的利益，且不因贪图小利损害其他人的利益，而是将利益最大化，惠及更多人，那么你所求的就是正道大义。“独乐乐，不如众乐乐”，为所有人的快乐而努力拼搏事业，这样的企业形象也是一种财富。

三十多年前，我们刚刚改革开放，企业把全部心思都放在产品上，如何通过改良产品维护住客户。慢慢的，随着经济发展越来越快、产品更新迭代、同质化竞争等，我们逐渐意识到品牌的重要性。可口可乐敢将自己的秘方公开，它不怕其他企业做出来一模一样的可乐，因为大家现在一想喝可乐第一反应就是可口可乐和百事可乐。而可口可乐还因为公开秘方的行为，巩固了自己老大哥的地位。

而且我建议，不管你从事的是服务业、快销行业，还是制造业，在当今这个时代，企业形象、企业文化都是非常重要的。因为同行业的竞争实在是太激烈了，只有通过口碑、商业信誉等附加因素背书，才能从竞争中脱颖而出。就算是做到了乔布斯时代的苹果那种“独孤求败”的程度，乔布斯也始终是主打精益求精的企业文化，为苹果公司培养了一大批粉丝。

那么在具体的管理事项中，企业应该都注意些什么呢？我建议大家好好读一下老子的《道德经》，这里面蕴含了丰富的为人处世、企业运营等方面的哲理。

首先，要给企业制定一个保证效率、公平、正当的企业准则。老子鼓励“无为而治”，指的是秩序本身就非常井然，管理者不需要画蛇添足。只要企业管理者在运营时依循规则行事，尊重管理的客观规律，将企业运作成一个生机勃勃的整体，那么顶层的老总们就可以“无为而治”。当然，这指的是一些日常小事，关于企业战略层面的抉择老总们还是必须认真对待的。

有一个保证企业良性运作的机制，就好像说“治大国若烹小鲜”，只要按照规矩和程序一步步来就可以了。这么做有什么好处呢？让规矩大过人，那些谋求个人私利的人在规矩面前必须约束自己的行为，无恶可做，不搅乱企业内部秩序；“朝令夕改”“令出多门”是兵家大忌，在企业里也是一样，一旦规矩定下来，企业内部从上到下各司其职、按部就班，井然有序。

“在没有规则的企业中小人就有机可乘，有时管理者自身也会因为缺少规则，做出有害于企业员工和企业发展的事情，而有了规则，则企业的方方面面都能以德相待，相安无事，守道治企业，最后守道立企业。”曾仕强老师说。

第二，要给企业树立一个明确的企业文化，也就是价值观念。《道德经》第四十三章说，“天下之至柔，驰骋于天下之至坚”，指的是最柔弱的东西能在天底下最坚硬的东西里穿行无阻。以柔克刚，用在企业管理里同样有效。企业成立之初几个合伙人秉着同样的信念走到一起，大家有共同的理想，而且企业还小，精力全部集中在对人和财务的管理上。等到企业走过初创期渐渐稳定下来，几个初创者关心的是公司战略，以及招兵买马。等到企业越做越大，创始人不可能面面俱到地管到每件事、每个人，就必须用我上面提到的机制把企业管束起来。这套机制必然带有强硬、不近人情的特征，而我们人，特别是中国人是感情动物，如果你用链条锁住他们，长此以往必然会出问题。比如富士康员工跳楼事件。

这个时候，企业文化是至关重要的，它可以将企业创立之初，几个创始人的价值观一以贯之地传递给后来的新员工，让企业所有者、经营者、员工在经营过程中持有共同的理想信念、价值观。在潜移默化中成为一种指导员工的守则，而这种柔性管理也是硬性管理的润滑剂。以柔克刚，达到和谐的管理境界，最终实现的就是企业所有者的无为而治。

需要说明一点，我在这里提《道德经》，大家可以将其作为企业文化的启蒙，也可以从我们国家其他典籍、经典故事，以及国外优秀的企业文化中汲取精华，然后根据企业自身所处的领域、环境、创始人的价值观等，确立自己独特的企业文化，对企业实行刚柔并济的管理。

第三，在柔性管理之下，还要以德服人，以礼待人。《道德经》里说："我有三宝，持而保之：一曰慈，二曰俭，三曰不敢为天下先。""善者，吾善之；不善者，吾亦善之，德善。信者，吾信之；不信者，吾亦信之，德信。"

我们最近几年总喜欢说企业要有狼性，而在塑造企业文化、企业形象的时候，我认为更要突出"慈"和"善"。在对内管理时，要以"慈"为怀，真正关心爱护员工，使员工在企业工作时体会"人性化的温馨管理"。和严厉的惩罚措施相比，用"慈"的方法更能得到员工的拥护，最终是"夫慈故能勇""夫慈以战则胜"。

在企业形象方面，要树立"德"，用德行回报社会。企业在运营的过程中会遭遇很多问题和摩擦，在处理这些事的过程中企业管理者和企业一起进步。在摩擦中，如果对方是善良、讲信用的人，企业要以德报之；如果遇到奸诈、背信的人，也要以德报怨。如此宽以待人、海纳百川的企业形象，在各方面都会为企业带来好的声誉。

运营企业说到底就是团结好企业内部的人，和企业外部的人时刻互动保持良好关系，都是人与人之间的交往，能够通过刚柔并济的管理和德行将这些复杂的关系协调好，实现企业和个人的奋斗目标，就是一家好企业。

最后一点，赏罚并用。在规定了企业纪律和企业文化之后，企业内部的员工在刚柔两条线内自行其是，但如果它们越界犯错了，怎么办呢？

处罚，从来都不是治理企业的最好办法。喜用处罚手段的人，一般也刻薄、寡恩，很难被人忠诚地追随，也很难成就大业。但当员工违反了规定，犯了错误时，也要有一些必要的惩罚。“处罚对于惩戒懒惰，维护纪律，有着显而易见的作用。然而处罚并非理想的管理手段，它挫伤员工的积极性，制造上下级之间的对立情绪。”曾仕强老师说。

那么到底怎样使用好处罚这柄双刃剑呢？在施以惩罚的同时，必须循循善诱，告诉员工错在哪里，如何改正，如何进步，让对方知道处罚只是为了让他们更深地记住错误，而改正才是最重要的，这有助于个人和企业的集体成长。是不是有一些像小时候，父母对我们的教导？这样员工就知道，“企业是为了大家好才会惩罚我，而教育我是把我当作了自己人，和企业一起成长”。

关于企业、领导人、员工如何在商业大环境下自处，还有很多中外经典著作加以解析，我在这里仅仅是将最近几年个人的亲身感受、读书感悟详细记述，希望对大家的职场成长有所帮助。

结语

天与火，同人。君子以类族辨物。——《同人卦·象传》

《同人卦》的象辞说：本卦上卦为乾，下卦为离；乾为天、为君王，离为火、为臣民，象征君臣意志和同，这是同人的卦象。君子观此卦象，从而去归类族群，辨明情状。

乾为天，离为火，这是两个不同类族的事物。但是天在上，火之性也是炎上，所以二者可以声气相通。上天下火，这是天下光明之象。君子从这种卦象中得到启示，懂得在与人交往的过程中，应该分清群体，辨别类族，求同存异。

在《易经》中，《同人卦》是在《否卦》之后的。《序卦传》载："物不可以终否，故受之以同人。"《同人卦》排在《否卦》后，有两层意思：首先，同人是寻找解决否塞状态的方法；其次，不与人和同，不与人沟通是造成否塞局面的原因。因此，《同人卦》就是要通过良好的沟通，建立和谐的人际关系，解决否塞不通的问题。所以，《同人卦》的卦辞说"同人"是君子之道，是有利而亨通的。

"同人"卦是六十四卦中非常重要的一个卦。天下大同，是中国人亘古不变的理想。人类社会作为一个群体，是由不同的类族组成的，其中个体差异是普遍存在的，所谓"物之不齐，物之情也"。所以，要在尊重差异的前提下达成共识，把大众凝聚为有分工合作的和谐群体。

让我们看看《同人卦》各爻的具体含义。初九指出一出门就要有会同之心，与人和睦相处。九二说明如果只与同宗同派的人相会同，不能和同各个阶层的人，那就会带来遗憾。九三是说敌人力量强大，我方力量薄弱，这个时候不能发生斗争。九四爻谈到准备进攻敌人，但最终没有进攻，是吉祥的。九五则是遇到了志同道合的朋友，并战胜了敌人。上九走到最后，虽然没有实现天下大同的目标，但是因为能够团结众人，也没有什么悔恨。

我们这章谈的是经营企业的问题，为什么提到《同人卦》呢？因为企业归根结底是由人组成的集合体。无论是老板和员工之间，还是员工与员工之间，都需要在一起共同合作，只有建立良好的沟通机制，才能把企业经营好。而《同人卦》恰好是教我们怎么跟别人会同的。《易传 · 系辞上》中说："二人同心，其利断金；同心之言，其臭如兰。"大家合伙做事业也同样如此，同心同德，事业就会成功；如果离心离德，事业就只有垮掉。

《同人卦》告诉我们，与人相处首先要去辨别对象，找到志同道合的朋友一起共事；同时还要有同人之心，能够求同存异，有宽阔的胸怀。

国家篇

第十章

世界富豪榜上的华人越来越多：如何定义财富

我在3月看到了一条新闻，福布斯公布了2016年全球富豪排行榜，首富还是比尔·盖茨，虽然总资产减少了42亿美元，但他仍然三年蝉联榜首位置。真正让我惊奇的是中国人的集体表现。榜单显示，美国仍然是世界上亿万富翁最多的国家，在1810名富豪中美国占了540名，中国大陆居第二位有251人上榜，是德国上榜人数120人的两倍还多；首次上榜的人群中，有70人都来自中国大陆，使得中国大陆在新增人数上排名第一。

这个榜单说明了什么呢？随着整体经济体量的飞速发展，中国大陆已经成了制造富翁的摇篮。我身边的一些朋友虽然没有登上福布斯的这份全球榜单，但是他们在大众意义上已经取得了事业和金钱上的成功，成为了所谓的富翁，让很多还在追求财务自由的年轻人非常羡慕。我有时问他们，“你们幸福吗？”但并不是所有人都觉得因为有了钱而变得幸福。因此，我时常思考，财富和幸福之间的内在逻辑。

财富必然带来幸福?

首先，我认为非常有必要弄清楚钱，或者说财富的定义和属性。金钱是什么呢？通俗来说，它是我们希望获得某些物质、服务等时付出的一种代表价值的媒介，体现的是一种工具属性，它的最大意义也应该是作为工具所具有的价值。而在拿它交换等价物的过程中，最终得到的东西或者服务等才是我们真正渴望的。比如普通人辛苦工作获得用钱来计价的工资，再用工资去换取自己需要的生活必需品；那些功成名就的人动辄挥金千百万，去投资或者做生意，为的是在付出金钱后获得其他回报。这么看来，钱或者财富其实是一个中性词，一个中介，只有在用它们满足我们的所需时才特别有意义。

从人生的角度来说，钱是手段，不是目的。而这种手段在我们获得幸福的过程中，将变得越来越不重要。套用最近很流行的一句话，“除了眼前的苟且，还有诗和远方”。当一个普通人通过付出金钱获得生活必需的牛奶和面包（当然也可以是猪肉炖粉条）之后，即实现了马斯洛需求理论中的第一层次——苟且活着。在这个过程中，有钱没钱非常重要，没钱就买不到吃的，不想办法可能就会饿死。所以当我们徘徊在这个阶段的时候，钱基本就等同于生存。

温饱问题解决之后，绝大多数人都会开始寻求新的需要——

安全感。我们需要有一份稳定的工作带来稳定的收入，需要一片瓦遮头顶，需要买各种保险以防不测……在这个过程中钱也是很重要的，很多人为了稳定的收入忍受公司内部的一些问题，老板的一些问题；拿到钱后去买人身保险、买医疗救治、买房子等。但是和最初阶段的生存必需品比，这些东西并非是生存所必需的。从第一阶段走到这个阶段的人，通过自己的感受也能体会出，对钱的急迫感没有那么强了。

接下来，终于要触及“诗和远方”了。现在大多数人都解决了温饱和其他生活基本问题，我们在社交网络上看关于友情、爱情等的鸡汤文章，在现实中找对象、结婚生子，找归属感。金钱或者财富在这个阶段重要吗？对于一些“宁愿在宝马车里哭，也不愿在自行车上笑”的人来说，钱依旧是重要的，其实对于这些人来说，可能钱永远都是最重要的，因为他们直接将自己变成了金钱的奴隶。但是我相信，绝大多数进入第三阶段的人是渴望“诗和远方”的。但是金钱对于这些人来说就不重要了吗？爱情、友情不可以用钱来买，但却是钱让他们能够从容地选择，没有以金钱为保证获取的生活保障，我们无法自由地选择。所以，即使是一个不贪钱的人，有钱也是一件好事，他有了一种可以自由选择“诗和远方”的中介工具。爱默生说，有钱的主要好处是你用不着看人脸色了。

至于更高阶段的尊重和自我实现，坦白说大部分人终生未及。绝大多数社会人在生存压力面前都深谙赚钱的法则，而当金钱将我们烘托到第三等级的时候，金钱作为交换工具的能力越来越弱——金钱换得来面包，但换不来爱情和尊重。用经济学里的话来解释就是，边际效益递减，投入的再多收获却越来越少。要想获得别人的尊重和信任，甚至是实现自我境界的提升，需要的是内心的力量，或者可以说“诗和远方”。

《2014年国民幸福报告》是一份非常有意思的报告，它揭示出了很多社会深层次问题。物质财富在人们的幸福感中到底占据了什么样的位置？报告结果显示，收入或者资产越高，幸福指数也相对较高。以收入为例，家庭年可支配收入最高10%的人群幸福指数高达142.3，而家庭年可支配收入最低10%的人群幸福指数仅为122.0，相差近20个点。但如果收入最高10%的人群身体不健康，那么幸福指数只有123.0，还不如收入垫底10%但身体健康的人群（幸福指数为126.7）幸福指数高。

那挣够多少钱才可以幸福呢？报告发现，每小时工资为20元～30元时幸福指数达到峰值，超过30元后幸福指数便开始回落。有趣的是，小时收入30元以上的人群与小时收入在7元～12元之间的人群幸福指数相当！同时，从每天的工作时间来看，工作时间越长越不幸福，每天工作8小时之内的人群幸福指数在134左右，而超过11小时的人群幸福指数则降至126.8。

德国有一个诺贝尔文学奖获得者，名叫伯尔，他有一篇短篇小说非常耐人寻味。有一个西方发达国家的旅行者，他到了一个偏僻的渔村，看见一个青年渔夫躺在小渔船上，正晒着太阳打瞌睡。他觉得这个情景很美，就给他照相，然后把渔夫吵醒了。于是他就跟那个渔夫聊天，旅行者说渔夫不应该躺在这儿晒太阳，渔夫问我应该干什么？旅行者说你应该出海打鱼。渔夫就问然后呢？旅行者说然后你就把鱼卖了，得到钱以后，你就可以买更大的渔船，挣更多的钱。再然后呢？买一条更大的渔船，说到最后，买一条现代化的最先进的渔船。渔夫又问，然后呢？旅行者说，然后你就可以躺在这里晒太阳了。渔夫说：用不着，我现在就可以。

我第一次听到这个小故事的时候，觉得它蕴含了关于金钱和幸福的关系。对于这个年轻的渔夫来说，打鱼赚到的钱可以解决温饱和生计问题，现在要争取的是归属感、别人的尊重和自我实现，旅行者在这个时候要他放弃享受自我而去赚钱，他不会同意。

这是我当时想到的故事哲理，之后随着阅历的增长，再回头看这个故事，才知道渔夫的品质是多么的可贵。其实很少有人能够在听到“发财秘籍”的时候冷静地判断出什么才是对自己最重要的，但渔夫做到了。在社会中辛苦打拼的人，在不知不觉间满足了生理需求、安全需求，但却在忙忙碌碌、狗苟蝇营中迷失了自己的本心。钱挣着挣着就把自己真正想追求的“诗和远方”给忘了，把钱这个工具当作了活着的目的，却丢了本心，一辈子都耗在了钱眼儿里，靠花钱买短暂的快乐。与此同时，曾经志同道合的朋友也会慢慢和你疏远，你还不自知，和一些同样是钱的奴隶的人越靠越近，最终把自己困死在一个进退维谷的绝境里。

更可悲的是，从我目前的观察看，渔夫的这种觉醒大多出现在欧美等发达国家，而中国社会中却有越来越多的人迷失在金钱的诱惑里，钱不是用来换取自己真正追求的东西（在财务自由后懂得通过读书、听音乐、和家人聚会等获得心灵的提升），花钱只是消费，买卖的一瞬间幸福感就消失了。这里面当然有人均 GDP、社会福利等原因，但我认为自我的觉醒始终要靠个人。

我非常欣赏周国平先生的一段话：今天这个时代，大家都很看重财富。我并不认为财富一点也不重要，我没有那么清高。我的看法是，金钱是好东西，但不是最好的东西，我们不能为了这些次好的东西而把最好的东西牺牲掉了。最好的东西是什么？就是我所说的生命的单纯和精神的丰富，那是真正能使人感到幸福的东西。你可以去挣钱，挣得越多越好，但是要记住，第一，不能让挣钱的过程损害了人生的主要价值；第二，应该让挣到的钱有助于实现人生的主要价值，这样财富才会是增进人生幸福的一个砝码。

我们应该怎样获得财富？

如果金钱可以在最初为我们未来的“诗和远方”搭建基石，那么我们应该用什么心态来面对财富、获取财富呢？曾仕强老师曾经说：很多人在追求财富，真正如愿的永远只有少数。可见财富是不可求的，仅能尽力而为，试试看自己有多少财富的命。既然如此，我们为什么不立定志愿，做自己应该做的事情？命中有财富，自然随着来，岂不是更为愉快！

我认为，如果能够在陷入金钱的旋涡之前就立定自己的理想——可以是人生理想，比如做一个环游世界的人；也可以是职业理想，比如做一名出色的艺术家。总之，就是要给航行在金钱和职场风暴之中的帆船指明方向，在“诗和远方”的坐标上立一座灯塔。

说着很容易，做起来却很难。我在职场中多年，遇到过形形色色的人。坦白说，很多已经身处高位的人，比如“50后”“60后”，受成长环境的影响，都不一定知道他们这一辈子到底喜欢什么，想要什么样的工作，只是在进入职场的初期选择了现在的工作（比如国企）。很幸运，公司没有出现任何问题，然后兢兢业业地做下来，坐到了现在的位子。但如果你问他们，这是不是你的职业规划，或者说职业理想，他们很可能答不上来这个问题，因为从来没有想过。

从一些接触中，我感觉到一些“70后”“80后”会建筑自己的职业理想和人生理想，也就是“诗和远方”，但遗憾的是，他们中只有很少一部分人是在步入职场之初，也就是二十多岁的时候就知道自己的路应该怎么走，赚的钱应该怎么花在自己的职业规划上。而另外一些人，其实是大部分人，则是在工作了几年之后，在职场的摸爬滚打中幡然醒悟，自己到底想要的是什么。这个时候就面临着很严峻的取舍，很多人已经结婚生子，甚至买了房子做起房奴，如果突然辞职去做自己喜欢的事

（很可能是和现在的工作经验没有一点关系的工作），且不说工作好不好找，即使找到，工资也不会很高，无法供房子、供孩子，将自己的马斯洛需求一下退回到了低等级，自己离“诗和远方”越来越远。选择壮士断腕的人，面对的可能是艰难的旅程，但自己的人生目标至少还在；选择现在生活的人，则是清楚地经历理想破灭，就是“只顾苟且，丢了诗和远方”。

比较幸运的“90后”们，随着网络时代的到来，他们在校园里就能接触到很多社会讯息，职业理想规划也越来越受重视。我在工作中发现，他们中的很多人在校园里就开始接触社会，比如打工、做实习生、通过学校社团和社会互动等，他们中的很多人在正式进入职场时就已经有了比较明确的职业规划。

在这里，我主要想和有了职业理想、人生规划、“诗和远方”的人聊聊如何获取财富。世间有360行，每一个行当只要兢兢业业地做下去，遇到苦难想一想自己的理想，为了实现理想不计较得失，那么这一路都会收获幸福感，而在这个过程中需要正确的财富观。

我曾经看过一篇很有意思的报道，说在北京宋庄住着一群外国艺术家，他们在来到中国定居之前大多是欧美国家的高薪“金领”，因为喜欢艺术，喜欢在中国从事艺术行业，所以在宋庄定居，这里面的很多人在中国一待就是十几年。“有的人去过山东淄博，在那里待了两年，然后为了看看中国的西部地区，又去甘肃待了五年，之后去了江西，接着又来到北京，至今大概四年。”虽然这里面的很多人都在中国有了自己的事业，但如果让他们算一笔账——没有来中国，继续在本国从事过去的事业将赚多少钱，那么我想这个机会成本是非常高的。只要不为自己的选择后悔，不为那些可能挣到的钱愤愤不平，就能收获幸福感。

苹果公司创始人乔布斯曾说："不要让别人的意见淹没了你内在的心声。最重要的，拥有跟随内心与直觉的勇气，你的内心与直觉多少已经知道你真正想要成为什么样的人。"

那么，在具体的创造财富的过程中，我们应该秉持什么样的价值观？什么样的准则呢？首先，绝对不能取不义之财。曾仕强老师有一句话我非常认同："老天不在乎你有多少钱，因为就算你有再多的钱，在老天的眼里也是一点点，老天在意的是你的钱是怎么来的，又怎么去的。千万记住这句话，会影响你的只是你的钱怎么来怎么去，来的光明，去的正当。"

用正当手段获得财富，这句话说着容易但做起来很难。排除一些所谓的社会潜规则问题，当一个人面对不义之财的诱惑时，心里的斗争是非常激烈的。一般人遇到的可能是身后有房东催缴房费，甚至没米下锅的时候，有发不义之财的机会，你要不要？一些官员面对财色诱惑的时候，能不能把持住？这个时候，不管你是谁都必须头脑清醒，拿了不义之财你能得到什么，又在失去什么，值不值得这么做。主动权在你自己，起决定作用的是每个人的素质。

那些贪腐官员，相信他们能够坐到那个位子都是有很强的专业素养的，但是个人素养上的短板让他们最终在诱惑面前迷失。而一旦堕落，就再难停手，就只能一条路走到黑。我想他们中的很多人是知道自己迟早要东窗事发的，我不知道的是在等待被审判的过程里，他们的内心是否恐惧，是否感受到煎熬，是否后悔自己的素质没有强大到抵住财色诱惑。

第二点，当你赚到了保障生活水平的钱之后，你是否还会继续守望“诗和远方”，像渔夫那样躲过“赚更多钱”的陷阱，向自己的人生目标迈进？中国有一句老话：从俭入奢易，从奢入俭难。当我们在为理想奋斗的过程中，于物质上不再满足于面包和牛奶，开始渴望奢侈品、汽车洋房，甚至私人飞机等，那么在向马斯洛第四、第五等级需求前进的过程中，我们会不会迷失在金钱造成的迷雾中？坦白说，这个诱惑非常大，人总是渴望更多，这是动物的天性。一个想要向“自我价值实现”这个最高目标前进的人必须是一个精神素质极高的人，他对物质不会有太强的依赖性，而是对精神富饶积极渴求。

“在很大程度上，物质生活的简朴本身就是一种精神上的要求，因为奢华的物质生活是很牵扯人的精力的，物质在提供享受的同时也强求服务，复杂是一种限制，简单才能自由。”周国平说，人不是神，人有一个身体，离不开物质，但人也有精神性，精神性是人身上的神性，是人性中最高贵的部分，对物质的依赖越少，这个神性的部分就越能发扬光大。

我们看到有些人住豪宅，开豪车，生活非常奢华，但其实细究起来，这些富人也是分两种的。有些人热衷于物质，特别享受向别人炫富的感觉，比如郭美美；而有些人尽管开豪车，住别墅，其实并不将财富、物质放在心上，只是平常心对待，即使哪天这些身外之物都没有了，他们依然安然自得。当然，还有一些富人，他们的身家过亿，平时在待人接物上平易近人，自己对物质的需求也非常朴素。我认为这是因为他们在积累财富的过程中享受到的是别人的尊敬和自我价值的实现，而不是豪车、别墅、存款等，他们也不喜欢把精力花在这些流于世俗的东西上。几相对比，素质高低立现。

举个例子，Zara 的创始人西班牙人阿曼西奥·奥特加 1936 年出生在贫困家庭，是铁路工人和家庭妇女的儿子。之后靠着自己的努力创建 Zara，一度坐上了世界首富的位子。但是他本人的行事风格非常低调，1999 年之前甚至没有一张照片出现在媒体上。而在生活中，他也非常简朴，穿着普通的衣服，即使是在公司上市，自己成为全西班牙最有钱的人的那天中午，奥特加依然平静地到公司食堂用饭；而在随后资产继续扩张的年月，他喜欢住在乡下，没事儿喂喂鸡。有点像陶渊明诗里所说的：“采菊东篱下，悠然见南山。”这才是一个内心富有的人的真实写照。

第三点，我想再次强调一下，时刻和金钱保持距离，尽管它是“诗和远方”的奠基者，但始终和最重的目标互为犄角；和财富保持距离，对于外在的身份地位持有超脱的态度。一定要做金钱和财富的主人，而不是它们的奴隶。金钱是个狡猾的家伙，今天可以对你俯首称臣，明天就有可能易主，所以不要太在乎，想开一点，看淡一点。

把钱看得太重，慢慢就会将钱的价值和意愿凌驾于自己的志向之上。这么做的结果是什么呢？最终可能连赚钱都无法让你快乐。看似触不可及的“诗和远方”更适合做我们的奋斗目标，赚钱的法则已经被我们当下的社会分析得入木三分，只要你懂一些明规则、一些潜规则，那么赚取钱财是一件比较容易办到的事。物以稀为贵，越是难得到的越珍惜，这么看来赚钱实在不是一个好的人生目标。另外，有些人把钱看得特别重，重到舍不得花钱。所以就是挣钱的时候获得成就感不高，花钱的时候又心疼到舍不得花，算计又算计，钱带来的只有烦恼。“天下真正快乐的人，一定是超脱金钱的人，无论钱多钱少，他始终是快乐的。事实上，快乐的确更多地依赖于心理而不是物质，你心态好，在物质上所求不多，得到了一点就会挺快乐，心态不好，贪得无厌，得到了再多也不会快乐。”周国平说，所以古希腊的哲人强调，苦和乐取决于求和得之间的比例，与所得的大小无关。

中国古籍中其实也有大量这方面的文章和典故。“主人何为言少钱，径须沽取对君酌。五花马，千金裘，呼儿将出换美酒，与尔同销万古愁。”看看，在壮志未酬之时，因为心愿无法达成可以散尽千金借酒消愁，可见我们的古人在志向和金钱面前，毫不犹豫地选择前者，这种对金钱洒脱的精神远远超过当今社会的人。

用自己的力量推动社会进步才是真富豪

按照马斯洛需求理论的说法，当个人自我价值得到实现的时候，即成为了一个站在金字塔尖的“大写的人”。我相信，我们中的一些人已经实现了个人精神世界的升华，他们的职业各有不同，有的是大众意义上的富豪，有的是平民，甚至生活穷苦的人。但在我看来，他们都是某种意义上的富豪，为什么？一般个人精神升华到一定高度的人，就会对周围的人，甚至很多陌生人产生积极帮助。

古今中外，这样的人其实很多。凡·高在27岁之后醉心作画，即使与家庭决裂，画作无人问津陷入生活上的绝境，他依然坚持自己的理想，最终为艺术界和全人类带来至高无上的美学盛宴。天津的白芳礼老先生出身贫寒，没有读过书，一辈子靠蹬三轮车为生，这么一个平凡的老人，从74岁（1987年）开始，靠蹬三轮车捐助多所大学、中学和小学300多名贫困学生，十几年下来一共捐出去35万元——这些钱可在当时的北京买到位置很好的房产，而在实际中，他的个人生活几近乞丐，直至92岁去世时私有财产账单上是一个零。

财富富翁中的精神富翁也很多。德国社会学家韦伯说：“财富可能会导致贪欲，但并不必然如此，资本主义精神的特点就是把财富的获取和使用分开，获取财富要勤劳，这是光荣的，使用财富要节俭，获取财富不再是为了自己过奢华的生活，而是要造福社会。”

美国19世纪的钢铁大王安德鲁·卡内基就是其中之一。1835年卡内基出生在苏格兰一个贫穷的纺织家庭，父母虽穷但为人正直，教给卡内基的是积极进取、自立自尊的人生信条。卡内基13岁时，因蒸汽机的出现导致父母失业，全家搬去美国找生路，他从那时起辍学成为美国的一个小邮差。之后凭借各种努力，卡内基从匹兹堡的贫民窟奋斗成为美国钢铁大王，成为全美国最富有的人、最有权势的人之一。

1900年，在事业到达顶峰的时候，卡内基以5亿美元的价格将卡内基钢铁公司卖给金融大王摩根。然后，将绝大部分家产投入到了慈善事业中。他捐款2500万美元在华盛顿创立"卡内基协会"，主要用来发展科学、文学和美术事业，该协会曾建造一艘"卡内基号"海洋调查船，修正了世界航海图；累计捐款达7300万美元，在加利福尼亚州山顶上建造威尔逊天文台来观察太空；在匹兹堡创办"卡内基大学"，又在美、英各地捐资创办了各种学校和教育机构，这类用于建造教育设施的捐款达9000万美元。

我们最为熟知的各类卡内基基金会也是这位钢铁大王设立的。卡内基最初捐资500万美元，设立"舍己救人者基金"，对在突发事件中为救助他人而牺牲或负伤的英雄及其家属予以奖励或救济；捐资3900万美元设立"大学教授退休基金"，以保障教育家的晚年生活；设立"总统退休基金"和"作家基金"，对美国总统或作家的晚年给予资助；向11个国家提供"卡内基名人基金"；以1000万美元设立"卡内基国际和平财团"，专门资助为世界和平作出贡献的人们。1911年，年迈的卡内基夫妇决定以仅余的1.5亿美元设立“卡内基公司”，让公司人员代理他们的捐献工作。直到卡内基去世，他一共捐献了3.3亿美元，而那些设立的基金会至今仍在履行他的遗愿。这位富翁最终被人们记住的是精神富裕，并将自己的精神财富传递给身后人。

卡内基为什么会做出这种贡献呢？这和社会中正义和个人精神的传承有关，卡内基的精神升华其实受益于另一位精神富翁。在卡内基不得不辍学做童工的时期，美国当地一个退休的上校拿出自己的400本藏书，办了一个小小的图书馆，免费向穷苦的孩子开放。卡内基在那里迷上了读书，平时再苦再累，周末也会开心地去借新的书看，为自己的人生点亮了明灯。后来卡内基在自传中回忆说：永远感谢上校引他走进了文学宝库，那成了他的人生的转折点，为他一生的追求奠定了基础，这个收获如此巨大，就是用全世界的财富和他交换他也不干。他说，如果没有那个经历，凭他的能力他也能发财，但很可能就只是成为一个平庸的财主，享享清福而已。

在卡内基33岁那年，他在自己的日记中写了一段话：“对金钱执迷的人，是品格卑贱的人。如果我一直追求能赚钱的事业，有一天自己也一定会堕落下去。假使将来我能够获得某种程度的财富，就要把它用在社会福利上面。”试想我们现在的社会，有多少30岁出头的人能够有这样的觉悟，不迷失在金钱的陷阱里？如果你现在尚且缺少信仰，缺少偶像，真诚地推荐大家好好看看卡内基的故事。

当然，除了卡内基，我们当下社会也有很多值得学习的偶像。世界首富比尔·盖茨在 2000 年 1 月和妻子一起创办了比尔及梅琳达·盖茨基金会，用来促进全球卫生和教育的平等发展。2005 年，50 岁生日当天，盖茨许诺将捐出个人财产的 98% 给该基金会。之后又宣布退出公司运营，专心做慈善。股神巴菲特在自己 400 多亿美元的财产中分出 85% 捐给其他基金会，其中 83% 捐给了比尔及梅琳达·盖茨基金会。2015 年底，Facebook 创始人扎克伯格在喜获女儿的同时，宣布捐出自己所持有的公司 99% 股份（当时市值约 450 亿美元）用于慈善事业。李嘉诚的“李嘉诚基金会”至今已捐出逾 150 亿港元，主要支持教育及医疗公益项目，其中 87% 用于大中华地区。

这样的故事我还可以举出很多，他们赚钱时兢兢业业，花钱时大公无私。当一个人把金钱和财富摆在正确的位置——满足基本生活的手段，钱多过基本生活花销后理性地处理——将多余的财富给予其他有需要的人，回报社会。精神世界的高低贵贱，分水岭就是是否对他人、对社会有帮助。

做慈善不是为了作秀，而是为了他人的幸福，以及自我价值的实现。在他们构成的良性循环里，社会财富得到了充分的再次分配，让更多还挣扎在贫困线上的人免除生计的困扰，有余力去探索内心的理想，然后继续为社会奉献有意义的价值。财富也在这个良性循环里有了最合理的定位——为每一个人的“诗和远方”奠定基础，在我们实现自我价值的过程里起到积极的帮助作用，而不是我们玩物丧志的帮凶。最后，我希望每一个用心度过此生的人，都能从我的文字里获得一些有关财富、人生、自我价值、回馈社会等方面的良性启示，让我们每一个人都能够成为一个精神富饶的人。

结语

> 火在天上，大有。君子以遏恶扬善，顺天休命。——《大有卦·象传》

《大有卦》的象辞指出：本卦下卦为乾，上卦为离；乾为天，离为火，火在天上，明烛四方，这是大有的卦象。君子观此卦象，认识到要抑制邪恶，发扬善行，顺应天道，求获好运。

《大有卦》上离下乾。离为火、为日，乾为天。火在天上，大放光明，普照万物，就如同古代天子之富有天下，所以是“大有”之象。君子通过对这种现象的观察，从中领悟到：在这样大有的美好形势下，也同样有善恶两种势力的矛盾斗争，因此要注意涵养道德，止恶扬善，就如同火以光明驱走阴暗。这样才能保有其富，才是顺应天道的命令。

“大有”，盛大丰有。《大有卦》所讨论的正是富有之道。这一卦就在《同人卦》之后，《序卦传》说：“与人同者，物必归焉，故受之以大有。”这是因为能够同人，所以物归我有。由此可见，大有的前提是同人，也就是能够与他人友好相处，这样财富就会积蓄起来。

那么，《大有卦》的各爻还有哪些具体的指示呢？初九是富有之始，要记得创业的艰难，不能有骄奢之心，谨慎行事。九二说财富是慢慢积累起来的，同时要积累德行，保持中道。九三指出富有者要对国家和人民有所贡献。九四提出如果过分富有的时候，要能够把握自己，韬光养晦，不仗势欺人。九五居于尊位，要讲究诚信和威望。上九处于大有之终，此时只有顺应天道，不居其有，才能长保富有。

我们这章谈论的是关于财富的问题，这也是一个从古至今热议的问题。其实，对于财富的向往和追逐是再正常不过的事情。即便是被后人视为“重义轻利”的儒家也并不反对追求财富。在《论语》中孔子关于财富的谈论有很多。他就曾经指出，富与贵是人之所欲。并且在《述而》篇中说：“富而可求也，虽执鞭之士，吾亦为之。如不可求，从吾所好。”也就是说承认君子爱财，但要取之有道。

但是，孔子同时提出，人不能停留在追求物质财富的层面上，更要注重精神层面的道德修养。所以，当子贡问他，贫而无谄，富而无骄，何如？孔子的回答是：可也。未若贫而乐，富而好礼者也。

《大有卦》所谈的富有之道，是告诉大家如何才能收获财富，之后又怎样才能保住财富。到今天看来，这些思想还很有借鉴意义。比如它指出能得到众人支持，就可以获得财富；在收获财富后要谨慎行事，诚信待人，并且要能够回馈他人；在积累财富的同时，也积累善德，并向他人学习。这样顺应天道，自然能够保住大有。

第十一章

每一个『互联网+』，都是机会与陷阱并存

关于事物如何向前发展，我现在有了两种截然不同的发现。

其中一种是毛毛虫式的。也就是说，收缩一下，再前进，然后如此往复，前进过程中会形成很多个小周期。这种缓慢的，但是看得见规律的线性前进，很像实体经济和宏观环境的变化。这是一种我们都习惯的方式：能够感受得到变化，但也会为变化的缓慢而焦虑。

另一种则是风暴式的。这类发展的源头出现前，一般都不可见不可知，但是突然出现后，就挟带着巨大的能力并卷起巨大的旋涡，同时带动一批幸运者。这种发展近几年更为常见，也就是大家说的“风口”，以及“风口上的猪”。这种变化，在我看来是新的时代特征。

原因在于，中国甚至全世界都正处于一个特殊的历史时代，有人说是互联网时代，也有人说马上要进入工业4.0时代，总之，

这是一个大变革时代。我们身处其中，最直观的感受就是变化之快：在我们的生活中，每年都会有一个甚至一批新概念产生，带动一个个风口出现。

和历史上的社会变革不同，这些变化看起来都与我们密切相关：在我们满足于自己的生活像毛毛虫一样蠕动前行时，突然就会发现身边有人飞上了天。

这一章，我要说一下“互联网＋”。三年前，还没有“互联网＋”这个概念，那时互联网思维正火，就在许多人还没有真正理解互联网思维时，“互联网＋”又出现了。大多数人真正接触这个概念是在2015年3月召开的全国“两会”上。全国人大代表马化腾提交了《关于以“互联网＋”为驱动，推进我国经济社会创新发展的建议》的议案。马化腾表示，“互联网＋”是指利用互联网的平台、信息通信技术把互联网和包括传统行业在内的各行各业结合起来，从而在新领域创造一种新生态。他希望这种生态战略能够被国家采纳，成为国家战略。

而让“互联网＋”火起来的更重要的原因，是进入政府工作报告。2015年3月5日，十二届全国人大三次会议上，李克强总理在政府工作报告中首次提出“互联网＋”行动计划。李克强在政府工作报告中提出，“制定‘互联网＋’行动计划，推动移动互联网、云计算、大数据、物联网等与现代制造业结合，促进电子商务、工业互联网和互联网金融（ITFIN）健康发展，引导互联网企业拓展国际市场”。

通俗来说，“互联网＋”就是“互联网＋各个传统行业”，但并不是简单的两者相加，而是利用信息通信技术以及互联网平台，让互联网与传统行业进行深度融合，创造新的发展生态。

“互联网 +”还代表一种新的社会形态，即充分发挥互联网在社会资源配置中的优化和集成作用，将互联网的创新成果深度融合于经济、社会各领域之中，提升全社会的创新力和生产力，形成更广泛的以互联网为基础设施和实现工具的经济发展新形态。

为什么“互联网 +”能够取代互联网思维成为网络经济的代言词？我想，除了政府部门的推手，更重要的是与互联网思维相比，“互联网 +”看起来更具执行性。在中国政府提出这个“互联网 +”行动计划一年后，我们可以从新闻中看到几乎所有传统行业的“互联网 +”进展。

对于普通人来说，“互联网 +”又成为这个时代的新特征，我们不得不加以理解。因为在变革时代，普通人不可能是蝴蝶效应中扇动翅膀的那只蝴蝶，而是被动地在潮流到来时，思考如何适应。用一个常见的比喻来说，就是我们只能摸着石头过河。摸着石头过河也容易，要能摸到石头，需要对河的深浅、各种暗礁、潜流，以及潮起潮落有一定的了解，否则可能会变成“踩着地雷过河”。

“互联网 +”也不是万能解药

前几天，一个周日下午，我正在家里看书，突然有人敲门。

门外站着一个年轻的小伙子，一手拿着手机，另一只手拖着一个巨大的编织袋。他告诉我，自己正在创业，并力劝我下载他们公司的 App，一个线上废旧物品回收应用。经不过这个年轻人恳切的眼神和热情的劝说，我下载了这个应用。

点开 APP，我觉得这个应用设计得还不错，绿色调页面，很容易让人产生环保联想。用户体验也很好，根据提示，我可以自己设置时间约人上门取走塑料瓶、旧电器、过期杂志、报纸等（实际上这两年我家里已经基本上很少有这类东西，因为媒体的“互联网＋”早在这个概念出现前就开始了，我也习惯于用手机和电脑阅读）。系统提示我，在积累了一定的用户积分后，我可以换取饮料、玩具等小礼物。

这就是一个典型的“互联网＋”创业。我之所以先举废旧物品回收的案例，是因为和互联网金融或电商相比，这个传统行业看来是最不容易实现“互联网＋”的。但是，就在我的周围，这个领域已经竞争很激烈，同类项目层出不穷。

由于有了各种“互联网＋”废品回收公司，我所居住的小区也发生了一些小变化。比如，原来小区门口，经常有人设点收购废品，现在都已经消失不见，倒是偶尔能看到类似于那个小伙子一样的年轻人，在门口做广告，劝大家扫码下载应用，进入废品回收 2.0 时代。

这看起来是一个逻辑合理、顺应潮流同时也前景光明的业态。我相信这类创业者在寻找投资时，一定也打出“互联网＋”这个热门概念，并因此获得了投资。

除了原来的互联网公司，其他所有行业都可以在“互联网+”的模式下，创造出全新的业态。事实也正是如此，近两年，互联网+餐饮——点餐平台，互联网+金融——P2P，互联网+融资——众筹，互联网+政务——智能城市……我相信我还可以继续列举下去，因为正如马化腾所说，在零售、电子商务等领域，过去这几年都可以看到和互联网的结合，“它是对传统行业的升级换代，不是颠覆掉传统行业”。在其中，又可以看到“特别是移动互联网对原有的传统行业起到了很大的升级换代的作用。”

新的商业业态出现，当然伴随着新的商业机会。但是我想说的是，这种机会同时也潜藏风险。

例如，我们前面所说的线上废品回收，这个业务模式实际上就有很大的风险。只要在百度上随便搜索一下，不难发现“废品回收业持续低迷”一类新闻。

实际上，从2008年金融危机以来，废品价格整体上就呈现下跌态势，尤其是2012年下半年以来，市场上废品价格大幅走低。在百度上简单搜索一下，就会发现：2013年，由于受多种因素的影响，废品回收价格也是持续下跌。其中普通废品，像废报纸、废铁、废铜等价格持续低迷，比2012年价格下降了20%以上。2014年，废品回收价格更是跌至6年来最低。

据此前媒体报道，2014年的废旧品回收价格不断下降，跌至多年来最低谷。废铁收购价由每斤1.5元降至0.5元，废报纸从每斤0.8元降至0.25元，矿泉水瓶3个0.1元……废品回收行业持续低迷，由于行情不好，许多废品回收站里积压了大量的废品难以出货，废品回收这一绿色产业步履艰难。

实际上，在废旧品价格下滑背后，是国际大宗商品价格金融危机后跳水。2015 年年底，布伦特原油价格跌至 2004 年中以来最低水平，且市场预期价格将继续下跌。石油是塑料瓶的主要原材料，可以想见，回收塑料瓶的价格走势与此类似。

而互联网能给这个利润微薄的行业带来什么样的改变？先来看一下废旧品回收产业链。

收购废品一般需经过三个环节，从废品回收者到废品回收站再到终端企业，经过层层辗转，各环节的利润自然微乎其微，再加上近年来废品回收价格持续下跌，导致部分废品收购站消失，废品回收者也由于利润微薄和缺乏下游销路而转行。

从此前互联网颠覆其他行业的经验来看，主要依靠的是去中介和降低交易成本。其中最显著的案例是零售。自从以淘宝、京东为代表的电子商务崛起后，实体店的生意受到了很大的影响。

但是，在废品收购这个领域，网上预约收取废品，仍然需要有人上门收取，人力成本并没有太大的节省，而且也看不出显著提升规模效应。因此，在我的一位从事资源品回收的朋友看来，互联网很难带给废品回收化学效应。他觉得无论 App 应用做得用户体验多好，都难以改变这个事实。

总之，“互联网 +”并非创业者进入一个行业的万试万灵的神奇解药。的确，过去一两年，在众筹、打车软件以及互联网金融等众多领域，都出现了许多成长迅速的创业公司，甚至是一大批“独角兽”。我在这里分析废品回收行业的问题，并不专业，只是想说明，“互联网+”可以成为一块进入传统行业的敲门砖，但互联网很难改变一个生意的本质。

所谓术业有专攻，任何一个行业，都有其专业性，也有一些长期发展积累下来的，外人难以发现的规律。

一个人的陷阱，也可能是另一个人的机会

前面说的那位从事资源品回收的朋友，他的公司是一家综合公司，还有另一块业务是固废处理，也就是城市垃圾处理，固废处理是他的主业。

在互联网经济发展起来后，这位朋友在公司内部组织了学习，他自己也亲自去拜访了一些互联网公司。他这样做，一开始倒不是觉得互联网能带来什么商业机会，而是担心财大气粗的互联网公司介入他的这块业务。后来这个担心成为现实，但经过内部学习讨论，这位朋友同样从已经从事了十几年的行业中，找到了“互联网+”的模式。

具体来说，他也开发了一款App，看上去业务模式和其他创业公司没有什么区别。但是，他的优势是不需要另外找人上门收取废品，只要原本的环卫人员在做完本职工作后顺便带走即可。而这位朋友的“互联网+”计划，投入的只是开发维护软件的费用，以及对原来的保洁车做一下改装，增加一个独立

空间放回收品即可。

这位朋友并不看好互联网行业的人进入这个领域，在他看来，对于行业的理解还不是最难以跨过的门槛。他认为这个行业真正的门槛是“管人”。这位朋友在创业前，在国内一家科研院所工作，跟知识分子和政府打了十几年交道后，他发现管理几万保洁工人是个巨大的挑战。

“你想一想，你要做 App 就要考虑到很多保洁员都是四十岁以上，他们中的很多人没接触过智能手机，更不用说使用 App。”他在短时间内完成了员工的新业务培训。他自豪地说，自己开发的 App 可能不是那么炫酷，但绝对是最容易操作的。

说到这里，他的确是把“互联网 +”做出一个新的业务，以及成为公司的发展方向。他还准备在这个 App 平台上，增加其他相关业务，公司也招聘了许多互联网公司的技术人才。

他说，有些进入环卫、资源品回收的创业者，拥有相当好的互联网背景，“我知道有一位跨国公司的中国高层，业内名气也挺大，拿到的投资也很多，但是我完全不看好他的未来”。

所谓机会，并非对每一个人都公平，甚至一个人的机会对于另一个人来说，就会成为陷阱，原因很简单，能够把握住的才是机会，没有能力把握当然就是风险。

过于关注新机会，而忽视在核心能力上的判断、投入，这是中国公司一直就有的一个问题。最后的结果是，每次风潮初起，我们都欢欣鼓舞地对待投资新时代，但当趋势真正到来时，我们发现并没有把握住机会，看起来就成为一个“起了大早赶个晚集”的故事。

比如，中国的新能源汽车领域。近十年来，电动车一直被认为是中国汽车“弯道超车”的机会，从政府到企业大力投入，但现在看来，市场前景并不那么乐观。

“弯道超车”看起来十分诱人。在传统汽车领域，中国汽车生产厂商不占优势，毕竟欧美的汽车公司都已经发展了超过百年，日韩品牌尽管历史稍短，但是国内综合科技水平也要高于中国，而且都已经在全球市场完成了布局，拥有先发优势。

电动车时代到来后，没有了发动机，内部传动也变得更为简单，产品发生了很大变化，也就是说，我们的自主品牌是不是和欧美品牌站到了同一条起跑线上?

在这个思路的引领下，中国电动车近两年已经开始超速发展。2015 年，中国市场电动车销量已经超过十万辆，几乎所有自主品牌都有自己的电动车产品。但在这个光鲜表面之下，专家提示，与跨国品牌相比，“自主品牌的整体技术水平较粗糙，一旦补贴退坡，外资进入，挑战还是很大的”。

实际上，从现状来看，动力电池等新能源汽车的核心部件也可能再次控制在海外品牌手中，这显然是国家相关政府部门和汽车业内都不愿意看到的。

但是，对于美国电动车生产厂商特斯拉，或者是日本丰田汽车，电动车则确实可能带来一个新时代。

在互联网领域，类似的例子就更多。新的商业模式最初总会经历一个泥沙俱下的阶段，以这几年非常热的 P2P 为例，著名的经济学家郎咸平曾做过一个统计，从 2011 年至 2015 年，中国的 P2P 一共有约 660 家问题平台。这些平台出现的问题大致可以分为四类，跑路、提现困难、停业和涉嫌诈骗。其中，直接跑路的有 280 家，涉嫌诈骗的有 17 家，加起来是 297 家，占比高达 45%。这类平台都不是真正的 P2P，而是打着 P2P 幌子的庞氏骗局。

那些真正的 P2P 互联网金融，也有 66 家停业。具体原因不一样，基本上是竞争激烈、经营不善导致。提现困难的有 297 家，主要原因是借款方偿还不起，而 P2P 平台又没有买保险，或者自己赚的利润根本就不够给产品买保险，只能用自身的钱先行垫付给客户，然后再去追债。于是有些实力不济的平台拿不出这么多钱兜底，出现短期提现困难。这属于经营能力差导致的现金流不稳，风险控制没做好。

已经有很多人说过，互联网金融的灵魂其实就是风险控制。P2P 提供平台让借贷双方对接，资金由第三方托管，平台自身赚一点手续费，但并不承担风险，其风险是分散在保险公司、担保公司、借款客户身上的。但有些 P2P 平台为了吸引客户，选择向客户承诺先行垫付，这样就把风险从客户转移到了平台自身，一旦风控做不好就面临被淘汰的危险。

关键在于创新

新的核心能力从何而来呢？

新能力往往并未存在于传统企业中。这也就是为什么我们经常看到“互联网+”领域的颠覆者，都是新手。

以另一个“互联网+”大热的领域，互联网金融领域为例。无论是P2P、众筹还是互联网银行领域，实际上，最大的门槛就是如何控制风险。

阿里巴巴为什么能够创立网商银行，向中小企业放贷？要知道中小企业的融资是一个世界性难题，因为对于银行来说，这个业务性价比太低，放一笔十万元的贷款，操作流程和十亿元的贷款是一样的。因为阿里巴巴有支付宝这个“秘密武器”。阿里旗下成立12年的第三方支付软件“支付宝”是网商银行的大数据来源。到2015年网商银行成立时，其手机支付宝每月活跃用户数达2.7亿人，在中国支付市场占有率8成，也是全球最大的第三方支付平台。用户在网络上的任何微小记录，都将成为数字银行进行信用评估的依据。

基于数据分析，网商银行能够通过大数据分析，将不同金融产品或服务，分配给不同需求的客户，让网络信用等于财富。也就是利用消费者的在线行为进行征信。

支付宝的信息，来自于电商平台交易，特别是阿里旗下淘宝网的用户交易。实际上，银行也握有重要的用户信息。例如，我们每个人的信用卡使用情况，都掌握在银行手中，如果银行能够将其与互联网结合，将会产生非常创新的业务模式。

“其实中国不缺银行，这个世界也不缺银行，但缺一个创新的、为小微消费者服务的银行。”2015年6月，阿里巴巴集团董事局主席马云在杭州正式宣布，“网商银行”开业，并推出商品在线借贷。正如马云所说，阿里巴巴的玩法和传统银行不一样，网商银行与传统银行最大区别在于没有实体网点，这种银行也被称为直销银行，依托于网络的则称为互联网银行。

有时候，一些传统行业并非没有核心能力，只是缺乏将之与新技术结合起来的想象力——我更愿意将之称为创新能力。

想象一下，如果有一家银行将社交网络、移动技术、数据分析、云计算和物联网等方面的技术整合在一个平台上，将能够提供怎样的服务：如果你在朋友圈上发布消息说，自己希望去听一次演唱会，那么银行可能会在评论中提示，你完全可以买得起票，而银行也将乐意为你效劳，帮你订票；而如果你在发布消息时称：“我正在考虑购买最新款的 iPhone”，那么银行可能会向你发私信：“你是疯了吗？你已经透支了 2 万元！”

我也相信，在互联网的推动下，这样的业务可能很快就会实现。其结果是，我们和银行的关系变得更为密切，当然也会需要更多的银行服务。

但并不是每一个人都是马云，握有一个国家几亿人的购买信息。那么是不是“互联网 +”只有像阿里巴巴这样的大公司，才有能力实现？并非如此，小公司同样有机会。

实际上，马云并非第一个将用户信息用作征信的人。

Fidor 银行 2009 年在德国成立，是一家颠覆性的互联网银行，致力于用全新的以客户为中心的服务重建人们对银行业失去的信心。

在德国，Fidor 银行目前拥有超过十万客户。其创始人兼 CEO Matthias Kröner 并非来自金融界，他此前从事酒店业，所倡导的服务理念并未因从事银行业而改变。2009 年 5 月取得银行执照后，他关注到社交媒体对金融业的影响，成立了一家透过社交媒体以客户生活形态为中心的银行——Fidor Bank。

Fidor 银行最大的创新，是将 Facebook 的“赞”数作为存贷款利率的参考：每多 2000 个赞，用户储蓄年利率就会提高 0.1%，而借贷年利率则会减少 0.1%，直到两者分别达上限（存款年利率自 0.5%上升最高至 1.5%）和下限（贷款年利率自 6.9%下降最低至 6.3%）。

但 Fidor 银行没有自己的电商平台，这些点赞又从何而来呢？这家网络银行建立了一个理财社区，并将其打造成一个“做生意”的平台。在这个活跃的社区里，用户可以发布各种产品，当然也可以购买其他用户的产品。而 Fidor 银行也就有了自己的用户信息。

“互联网 +”是一个热词

其实说了这么多，“互联网 +”究竟是什么？写进政府工作报告的“互联网 +”，是一个明确的行动计划。对于普通人来说，要将其变成行动计划，必须要考虑自己的能力和资源。和互联网思维一样，“互联网 +”不是一种方法论，更不是万能的，它是一个被总结出来的代表趋势的“热词”。

让我们困惑的是，这种热词出现后，都会带来商业世界的过度反应：在我们周围，“全民创业”中，与互联网相结合的项目越来越多；当我们行业中的其他公司，纷纷推出“互联网 +”战略；当咨询公司的老师开始讲“互联网 +”路线图时，就需要对这种热度有一个清醒认识。

我的意思是说，并非所有企业都适合直接去做“互联网 +”。中国商业是一个复杂的系统，我们既有紧跟美国的互联网产业，也有 500 强大公司。而更多的企业不要说“互联网 +”，甚至还没有完成工业化和信息化。

但是，互联网对于传统行业的影响、改造则一直在持续进行。更重要的是理解这种影响的方向和趋势。因为这是一个时代的大趋势，无论你是在经营一家企业，或只是一个打工者，都不可避免地要受到影响。

那么，在互联网的大旗下，未来企业会发生怎样的改变呢？同样是发挥一下想象，我认为会具备以下几个特点。

第一，越来越多的公司通过互联网来提供服务。以微信为例，互联网公司提供的平台，已经发展得非常强大。现在，我已经很少跑银行，至少是不因为个人业务跑银行。实际上，银行网点的业务大多以存取现金为主，现在无论是私人之间的款项往来，还是信用卡还贷，都可以在微信中轻松实现。至于交电话费、水费等日常生活缴费，在手机上轻轻一划，便可以免去排队之苦。这种用户体验与此前相比，方便程度大幅提升，必然会改变一代人的消费甚至是生活习惯。

因此，无论一个公司离互联网距离远还是近，在业内的位置是举足轻重还是微不足道，都不得不适应这个新习惯，提升基于互联网的服务。何况，互联网公司也正在全力拓展这种平台服务，吸引各行各业。

第二，线上线下一体化越来越深入。也就是O2O，打通线上线下资源。现在消费者已经习惯于电商平台的在线交易和支付，许多公司都完成了线上销售部分。而其背后的企业营销、物流、客户服务等业务流程也进行线上管理，在完成O2O的同时，优化了企业的管理链条。

O2O创业由于风险较高，已经被视为和P2P一样的重灾区。2016年4月，洗车O2O行业先驱“e洗车”成了“先烈”，多项业务已暂停，消息称濒临倒闭，百余名员工离职；同样，厨师上门O2O服务平台“烧饭饭”也遭此厄运，正式宣布停业。

我有一位做投资的朋友，在这种情况下依然投资了两个O2O项目，他的理由很简单，这两个公司都不是单纯的互联网项目，而是原本经营不错的连锁店，将自己的业务打通。在他看来，O2O是一个趋势，而非草根创业机会。

第三，平台化生存。企业的生存依赖于生态系统，但对于绝大多数公司来说，构建一套生态是一项很艰难的任务，如果企业规模不足以形成生态，则可以加入到某个生态中成为其中一员。

比如说，如果你想做网商，实际上阿里巴巴就是一个能够解决全部需求的平台。阿里旗下淘宝本身就是一个销售平台，你可以在上面几乎零成本开店；而你的物流，售后服务也都可以在这个平台上完成；甚至，阿里巴巴还可以为你提供创业所需求的资金。从 2010 年—2013 年，也就是阿里巴巴的网商银行开业前，其小微金融服务已经为 64.2 万户的商家提供了资金援助。

平台化是一个非常宽泛的概念，也有人将其称为生态圈（例如小米和海尔），对于传统行业，平台化生存的重要性在于，只要平台能够发展到一定规模，它们通常都会颠覆传统的企业，并创造出全新的消费市场。

结语

泽中有火，革。君子以治历明时。——《革卦·象传》

《革卦》的象辞说：水泽之中有烈火，这是革卦的卦象。君子观此卦象，根据自然的变化来修治历法，明确时令。

《革卦》的卦象是下离上兑，离为火而兑为泽，所以是泽中有火的现象。水可以使火熄灭，火也可以使水蒸发为汽，因此，水火的性质是相生相克的，从而会产生变革。君子根据变革的规律制定出历法以明辨四季的变化。

《周易·系辞下》中说“易，穷则变，变则通，通则久。”《易经》中还有很多类似的话，比如“变化日新”“革故鼎新”“与时偕行”等，这些都强调了变易和进取的精神。

“天地革而四时成”，天地变革才会有四时的运行，因此作为自然规律，变革是必然的。那么，人类社会呢？“汤武革命，顺乎天而应乎人”，人事上的变革要顺应客观规律，同时也要符合大众的需求和愿望。

《革卦》的宗旨就是阐述变革的必要性，一味地墨守成规终将走向灭亡。要想与时俱进，就必须不断地破旧立新，不断地革其旧制。但是变革，不是轻易地变化，也不是盲目地替换，而是需要认清事物的本质和规律，要经过深思熟虑和全面的衡量才能作出。

在《革卦》的各爻中也讲述了一些变革的细节。比如要把握变革的时机，不能冒进，也不能犹豫不决。同时，要取信于人，遵循正道。而且，变革应该是彻底的，全面的，不能停留在表面上，换汤不换药。

当前，我国正处于互联网时代，网络正以改变一切的力量，在全球掀起一场影响人类所有层面的深刻变革。这场变革带来的不仅仅是一次新的产业革命，也是一次人类生活方式和思维方式的革命，无论是主动还是被动，所有的人和企业都将卷入互联网的浪潮之中。

在这个瞬息万变的时代，市场竞争十分激烈。机会与陷阱并存，挑战无处不在。每天都有无数的创业者涌入，但同时也有无数的创业者失败和退出。处在转折的关键时刻，作为个体，必须注意与时俱进，不断学习。可以说，互联网时代是一个自我学习的时代，不会自我学习的人将逐步被淘汰。同时，还要密切注意各种信息，认真思考。在经过深入调研，确定项目可行，且时机成熟后，立即行动，积极变革。变革的关键在于要大胆求新，根据形势变化，适时修正经营方向，受到挫败，马上总结经验，重新奋起。